Cyrille Prosper Ndepete
R. Ludovic Z-Guerembo
D. Christian Vonto

Etude Géotechnique des matériaux argileux de Bangui

Cyrille Prosper Ndepete
R. Ludovic Z-Guerembo
D. Christian Vonto

Etude Géotechnique des matériaux argileux de Bangui

Etude Géotechnique et essai Cartographique des matériaux argileux de Bangui et ses environs (République Centrafricaine)

Presses Académiques Francophones

Impressum / Mentions légales

Bibliografische Information der Deutschen Nationalbibliothek: Die Deutsche Nationalbibliothek verzeichnet diese Publikation in der Deutschen Nationalbibliografie; detaillierte bibliografische Daten sind im Internet über http://dnb.d-nb.de abrufbar.
Alle in diesem Buch genannten Marken und Produktnamen unterliegen warenzeichen-, marken- oder patentrechtlichem Schutz bzw. sind Warenzeichen oder eingetragene Warenzeichen der jeweiligen Inhaber. Die Wiedergabe von Marken, Produktnamen, Gebrauchsnamen, Handelsnamen, Warenbezeichnungen u.s.w. in diesem Werk berechtigt auch ohne besondere Kennzeichnung nicht zu der Annahme, dass solche Namen im Sinne der Warenzeichen- und Markenschutzgesetzgebung als frei zu betrachten wären und daher von jedermann benutzt werden dürften.

Information bibliographique publiée par la Deutsche Nationalbibliothek: La Deutsche Nationalbibliothek inscrit cette publication à la Deutsche Nationalbibliografie; des données bibliographiques détaillées sont disponibles sur internet à l'adresse http://dnb.d-nb.de.
Toutes marques et noms de produits mentionnés dans ce livre demeurent sous la protection des marques, des marques déposées et des brevets, et sont des marques ou des marques déposées de leurs détenteurs respectifs. L'utilisation des marques, noms de produits, noms communs, noms commerciaux, descriptions de produits, etc, même sans qu'ils soient mentionnés de façon particulière dans ce livre ne signifie en aucune façon que ces noms peuvent être utilisés sans restriction à l'égard de la législation pour la protection des marques et des marques déposées et pourraient donc être utilisés par quiconque.

Coverbild / Photo de couverture: www.ingimage.com

Verlag / Editeur:
Presses Académiques Francophones
ist ein Imprint der / est une marque déposée de
OmniScriptum GmbH & Co. KG
Heinrich-Böcking-Str. 6-8, 66121 Saarbrücken, Deutschland / Allemagne
Email: info@presses-academiques.com

Herstellung: siehe letzte Seite /
Impression: voir la dernière page
ISBN: 978-3-8381-4832-8

TABLE DES MATIÈRES

DEDICACE

À mes deux sœurs (Nelly et Adèle NDEPETE) qui ont quitté ce monde précocement, à mon oncle Gaston NGBATOUKA.

Je dédie ce travail.

REMERCIEMENTS

Je remercie Dieu qui m'a donné la santé, la force et la sagesse de réaliser ce travail.

Je remercie très sincèrement les différentes personnes qui ont rendu possible l'aboutissement de ce travail :

✓ Monsieur Raoul Ludovic ZAGUY – GUEREMBO, Maitre Assistant à l'Université de Bangui, pour avoir accepté de diriger ce mémoire avec rigueur et passion, pour ses idées et ses qualités Scientifiques et humaines.
✓ Monsieur Jean BIANDJA Professeur, Responsable du Laboratoire Géosciences à l'Université de Bangui. Il a fait preuve d'une grande disponibilité, et su nous conseiller durant l'élaboration de nos travaux de recherche.
✓ Monsieur David VONTO Assistant à l'Université de Bangui pour son aide continue depuis mon projet de recherche jusqu'à son aboutissement. Il était le premier à me faire découvrir le monde de la Géotechnique.

Je ne peux oublier tous les enseignants de la Faculté des Sciences et en particulier du Laboratoire Géosciences :

✓ Messieurs. Hubert François – D'Assise MAPOKA Assistant, Responsable Adjoint du Laboratoire Géosciences à l'Université de Bangui. Gaétan A - KENGEMBA MOLOTO Maitre Assistant à l'Université de Bangui, Chargé des missions à la Primature. Aline MALIBANGAR Maitre Assistant à l'Université de Bangui. Prince YEDIDJA DANGENE Assistant, Chef de Département des Mines et Géologie à l'Université de Bangui. Sylvain Marius NGBATOUKA Assistant à l'Université de Bangui. Armel NGANZI Assistant à l'Université de Bangui. José KPEOU Assistant à l'Université de Bangui. Herman ELOKOUA Assistant à l'Université de Bangui.... Pour vos soutiens tout au long de ce travail.

Je tiens également à remercier tous les personnels du Laboratoire National du Bâtiment et des Travaux Publics (LNBTP) en particulier :

✓ Monsieur Benoît N'GANAFEI Directeur du Laboratoire National du Bâtiment et des Travaux Publics (LNBTP) et Monsieur Barnabé MANDABA Chef de Service des Études et Contrôle Bâtiment pour m'avoir soutenu matériellement et moralement tout au long de la période que j'ai passée dans leur Laboratoire.

Je tiens à adresser mes sincères remerciements ainsi que ma gratitude la plus dévouée à mes deux étoiles scintillantes (Monsieur Paul NDEPETE et Madame Colette NDEPETE), que le Bon Dieu me les garde aussi longtemps pour leur dévouement et surtout pour leur amour et le sacrifice qu'ils m'ont accordés. Grâce à vous j'ai été un enfant heureux. Si aujourd'hui, je suis un homme épanoui, c'est grâce à vous.

Je remercie tous mes frères et sœurs :

✓ Messieurs. Yvon SONGOGNA, Bertin NDOUNGA, Séverin NDEPETE et Armand NDEPETE. Mesdames Annie BALIGINI et Victoria NDEPETE pour vos soutiens moraux et financiers. Que Dieu vous donne longue vie.

Je remercie les familles : MBARY, NGBATOUKA, BALIGINI, OGOULO, KOUBELI... Pour leurs différents soutiens.

Les derniers mots seront pour ma fiancée GBENIMET Vana Reine et mes filles NDEPETE Fluorine et NDEPETE Séverin pour leurs gentillesses, leurs amitiés et pour leurs conseils pendant les périodes difficiles que nous avons passées sous le même toit.

Enfin, je ne peux oublier mes amis de promotion et mes frères de la J.E.C (Jeunesse Étudiante Chrétienne) ainsi que toute personne ayant contribué de loin ou de près à mon éducation et ma formation.

LISTE DES NOTATIONS

- LCPC : Laboratoire Central des Ponts et Chaussé
- USG : Union Syndicale Géotechnique
- G.T.R : Guide de Terrassement Routier
- ATIB : Art Technique et Industriel Bianda
- RGPH : Recensement Général de la Population et des Habitats
- AJCI : Agence Japonaise de Coopération International
- ASECNA : Agence pour la Sécurité de la Navigation Aérienne en Afrique et à Madagascar
- YPB : Yangana-Pama-Boda
- BMB : Bangui-Mbaïki-Boda
- LNBTP : Laboratoire National du Bâtiment et des Travaux Publics
- AFNOR : Agence Française de Normalisation
- CBR : Californian Bearing Ratio
- SIG : Système d'Information Géographique
- P : Pression
- Ps : Poids du sol sec
- Pe : Poids d'eau
- P_{flc} : poids du flacon
- γ_s : Poids spécifique du grain
- γ_h : Densité humide
- γ_d : Densité sèche
- $\gamma_{d\,OPN}$: Densité sèche optimum normal
- W_{OPN} : Teneur en eau optimale normale
- γ_0 : Poids spécifique du liquide
- W : Teneur en eau
- W_{int} : Teneur en eau intact
- W_{rem} : Teneur en eau remaniée
- W_{avt} : Teneur en eau avant essai
- W_{ap} : Teneur en eau après essai
- Pc : Passant cumulé
- V : Vitesse de décantation de la particule

- g : Accélération de la pesanteur
- d : Diamètre de la sphère
- η : Viscosité du liquide
- V_g : volume des grains
- M : masse des grains
- LL : Limite de liquidité
- LP : limite de plasticité
- Ip : Indice de plasticité
- ξ_2 : Déformation latérale
- C_c : Indice de compressibilité
- e : Indices des vides
- e_0 : Indices des vides initials
- Ke_0 : perméabilité
- C : Compacité
- n : Porosité
- log : Logarithme
- σ : Contrainte
- $σ_0$: Contrainte initiale
- S : Section d'éprouvette
- s : Section du tube d'évacuation
- Δh : Tassement
- Δt : Variation de temps
- ho : Hauteur initiale
- OPN : Optimum Proctor Normal

LISTE DES FIGURES

LISTE DES TABLEAUX

LISTE DES PHOTOS

INTRODUCTION

Les argiles sont des matières premières naturelles les plus abondantes qui sont utilisées depuis la plus haute antiquité (Michot, 2008). L'intérêt accordé ces dernières années à l'étude des argiles par de nombreux laboratoires dans le monde se justifient par leur abondance dans la nature (domaine sédimentaire) et leur responsabilité des désordres occasionnés sur différents ouvrages (cavité de stockage, construction des routes, mine, forage…).

Certains sols argileux changent de volume en fonction de leur teneur en eau et peuvent de ce fait, créer des désordres dans les ouvrages géotechniques (Azzouz, 2006). Cependant, dans la zone d'étude (Bangui et ses environs), plusieurs types de formations s'observent (micaschistes, séricitoschistes, schistes, quartzites, intrusions granitiques, migmatites, calcaire, grès, conglomérat) masquées, dans les dépressions, par des dépôts cénozoïques (Poidevin, 1976).

D'après le rapport des états généraux des mines de 2003, la République Centrafricaine regorge plus de 400 substances minérales parmi lesquelles, les argiles qui peuvent être utilisées sur le plan local dans plusieurs domaines.

Sur ces formations, plusieurs études ont été menées (pétrographiques, lithostratigraphiques, hydrographiques et structurales). Mais l'argile qui pourtant occupe une grande superficie de la ville de Bangui et exploitée artisanalement, est très mal connue à ce jour. Car peu ou pas des études Scientifiques ont été menées sur ces matériaux. C'est pour quoi Bouiller, 1962 a réalisé des essais d'identifications et des analyses chimiques dans le Laboratoire Central de Brazzaville en vue de proposer quelques types d'applications.

La méthodologie utilisée pour la réalisation de ces essais est celle du Laboratoire Central des Ponts et Chaussé (LCPC).

Ces études ne révèlent pas d'une manière précise la présence et les caractéristiques géotechniques de ces matériaux argileux. Sur le plan pratique, les caractéristiques de ces matériaux sont régies par certains paramètres (granularité, teneur en eau, compressibilité et compactage) qui peuvent être déterminés à partir des résultats d'essais de laboratoire (Holtz et Kovacs, 1991).

La connaissance de ces paramètres est indispensable pour une bonne utilisation de ces matériaux. C'est dans cet optique que nous portons ce travail sur <<**l'étude Géotechnique et essai cartographique des matériaux argileux de Bangui et ses environs**>>.

Les objectifs visés dans ce travail sont de :

- répertorier les différents sites argileux de Bangui et ses environs ;
- ressortir les caractéristiques géotechniques (physiques et mécaniques) de ces matériaux ;
- cartographier les différents sites probables d'argiles.

Le plan de ce mémoire est organisé en quatre chapitres.

Le premier chapitre est consacré aux états de connaissance sur la géotechnique et les matériaux argileux.

Le deuxième chapitre, présente la zone d'étude qui est Bangui et ses environs, ainsi que ses aspects géomorphologiques.

Le troisième chapitre est réservé aux protocoles expérimentaux où sont décrits les modes opératoires suivis de leurs interprétations respectives. Aussi, les outils et la méthodologie qui ont permis la réalisation de nos cartes.

Dans le quatrième et dernier chapitre sont exposés tous les résultats expérimentaux, suivis de leurs interprétations respectives et une conclusion est donnée à la fin de ce travail.

CHAPITRE I : ÉTAT DE CONNAISSANCE SUR LA GÉOTECHNIQUE ET LES MATÉRIAUX ARGILEUX

I.1. GÉNÉRALITÉS SUR LA GÉOTECHNIQUE ET LES ARGILES

I.1.1. Géotechnique

La géotechnique est l'ensemble des activités liées aux applications de la mécanique des sols, de la mécanique des roches et de la géologie de l'ingénieur (Holtz ; Kovacs 1991). Elle englobe l'étude des propriétés **mécaniques** et physico-chimiques des sols et de l'interaction entre les terrains et les ouvrages environnants d'une part, l'ouvrage objet d'art de la prestation du fait de sa réalisation et/ou de son exploitation d'autre part.

La géotechnique s'appuie principalement sur deux sciences :

- La géologie qui retrace l'histoire de la terre, précise la nature et la structure des matériaux et leur évolution dans le temps,
- La mécanique des sols et des roches qui modélisent leur comportement en tant que déformabilité et résistance des matériaux. (**Union Syndicale Géotechnique :** **USG 2011**).

De nos jours, cette Science est appliquée dans plusieurs domaines (pédologie, environnement physique, géomorphologie....) (Habib, 1973).

I.1.2. Classification des sols

Dans ce paragraphe, nous présentons trois types de classifications très couramment utilisées :

- l'abaque triangulaire de Taylor, qui utilise seulement la granulométrie, et qui permet de baptiser un sol (argile, limon, sable, limon argilo-sableux), (figure I.1) ;

- le diagramme de Casagrande qui concerne les sols fins et qui fait intervenir les limites d'Atterberg (figure I. 2) (**Degoutte et Royet 2009**) ;

- la classification des sols fins du Guide de Terrassement Routier (G.T.R. 1992) qui permet de classer un sol selon sa nature et selon son état hydrique.

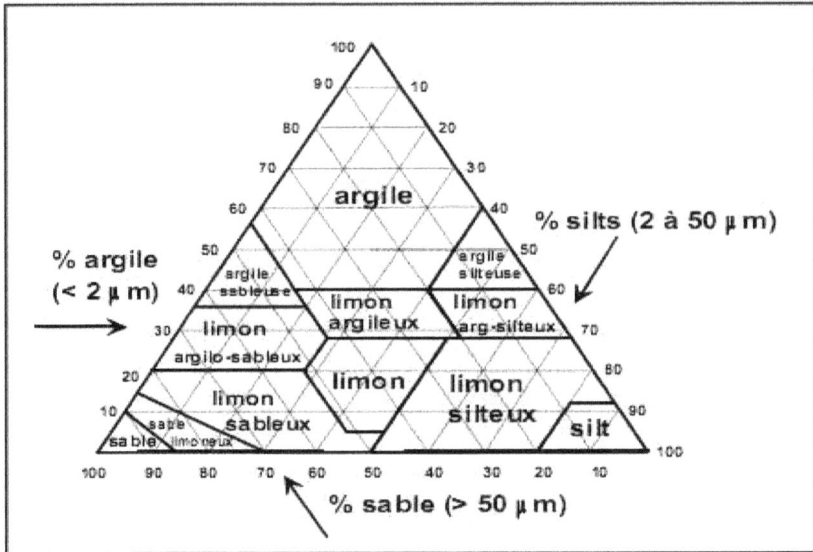

Figure I.1 : Classification triangulaire des sols fins (contenant moins de 30%
d'éléments de diamètre supérieurs à 2 mm).

Pour appliquer le diagramme ci-dessus, on détermine les pourcentages des trois
catégories de sol par rapport à la fraction inférieure à 2 mm.

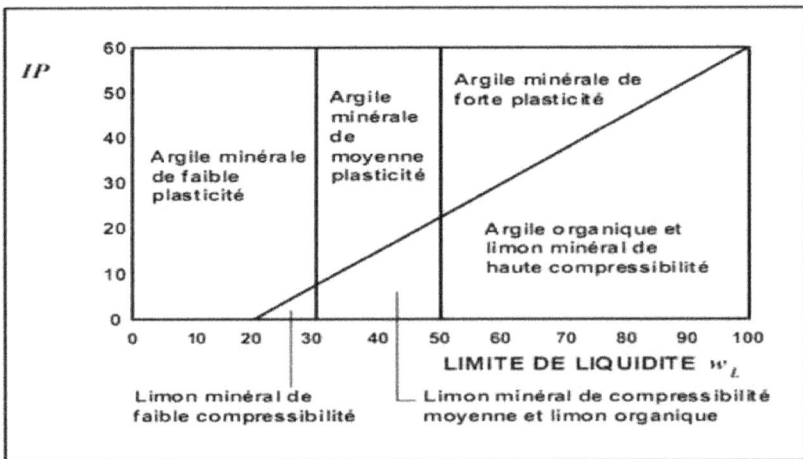

Figure I.2 : Abaque de plasticité de Casagrande.

Classe A	Tableau 1 - *Classification des sols fins*				

Classement selon la nature				Classement selon l'état hydrique	
Paramètres de nature Premier niveau de classification	Classe	Paramètres de nature Deuxième niveau de classification	Sous classe fonction de la nature	Paramètres d'état	Sous classe fonction de l'état
		A₁		$IPI^{(*)} \leq 3$ ou $w_n \geq 1,25\, w_{OPN}$	A₁ th
		VBS ≤ 2,5 ⁽*⁾	Limons peu plastiques, loess,	$3 < IPI^{(*)} \leq 8$ ou $1,10 \leq w_n < 1,25\, w_{OPN}$	A₁ h
		ou	silts alluvionnaires, sables fins	$8 < IPI \leq 25$ ou $0,9\, w_{OPN} \leq w_n < 1,1\, w_{OPN}$	A₁ m
		$I_p \leq 12$	peu pollués, arènes peu	$0,7\, w_{OPN} \leq w_n < 0,9\, w_{OPN}$	A₁ s
			plastiques...	$w_n < 0,7\, w_{OPN}$	A₁ ts
Dmax ≤ 50 mm				$IPI^{(*)} \leq 2$ ou $I_c^{(*)} \leq 0,9$ ou $w_n \geq 1,3\, w_{OPN}$	A₂ th
et	A	$12 < I_p \leq 25$ ⁽*⁾	**A₂**	$2 < IPI^{(*)} \leq 5$ ou $0,9 \leq I_c^{(*)} < 1,05$ ou $1,1\, w_{OPN} \leq w_n < 1,3\, w_{OPN}$	A₂ h
Tamisat à 80 µm > 35%	Sols fins	ou	Sables fins argileux, limons,	$5 < IPI \leq 15$ ou $1,05 < I_c \leq 1,2$ ou $0,9\, w_{OPN} \leq w_n < 1,1\, w_{OPN}$	A₂ m
		2,5 < VBS ≤ 6	argiles et marnes peu plastiques	$1,2 < I_c \leq 1,4$ ou $0,7\, w_{OPN} \leq w_n < 0,9\, w_{OPN}$	A₂ s
			arènes...	$I_c > 1,3$ ou $w_n < 0,7\, w_{OPN}$	A₂ ts
				$IPI^{(*)} \leq 1$ ou $I_c^{(*)} \leq 0,8$ ou $w_n \geq 1,4\, w_{OPN}$	A₃ th
		$25 < I_p \leq 40$ ⁽*⁾	**A₃**	$1 < IPI^{(*)} \leq 3$ ou $0,8 \leq I_c^{(*)} < 1$ ou $1,2\, w_{OPN} \leq w_n < 1,4\, w_{OPN}$	A₃ h
		ou	Argiles et argiles marneuses,	$3 < IPI \leq 10$ ou $1 < I_c \leq 1,15$ ou $0,9\, w_{OPN} \leq w_n < 1,2\, w_{OPN}$	A₃ m
		6 < VBS ≤ 8	limons très plastiques...	$1,15 < I_c \leq 1,3$ ou $0,7\, w_{OPN} \leq w_n < 0,9\, w_{OPN}$	A₃ s
				$I_c > 1,3$ ou $w_n < 0,7\, w_{OPN}$	A₃ ts
					A₄ th
		$I_p > 40$ ⁽*⁾	**A₄**	Valeurs seuils des paramètres d'état,	A₄ h
		ou	Argiles et argiles marneuses,	à définir à l'appui d'une étude spécifique	A₄ m
		VBS > 8	très plastiques...		A₄ s

Figure I.3 : Classification des sols fins selon G.T.R 1992

Ces différents diagrammes sont utilisés uniquement pour la classification des sols fins.

I.2. ARGILE

I.2.1. Nature et structure des argiles

I.2.1.1. Minéraux argileux

Ce sont des substances cristallines qui ont pour origine la désagrégation physique et mécanique des roches préexistantes, puis de l'altération chimique de certains minéraux composant la roche (les feldspaths) (Belhadj, 2009).

En géotechnique, où l'on s'intéresse avant tout au comportement mécanique des sols, on désigne par argile les matériaux de granulométrie inférieure à 2 micromètres (Caillère et al., 1982). Une particule d'argile est formée d'un empilement de feuillets élémentaires constitués par deux unités structurales de base : le tétraèdre de silice et l'octaèdre d'alumine et éventuellement de magnésium (Lakhdar, 2006).

I.2.1.2. Le tétraèdre de silice (SiO_4)

La silice (Si^{4+}) est l'ion central dans l'élément tétraèdrique. Il est entouré par 4 ions d'oxygènes (O^{2-}). Pour former une couche tétraèdrique, les tétraèdres sont liés ensemble par leurs bases en partageant un ion d'oxygène entre deux tétraèdres. Il a pour formule générale $n[(Si_2O_5)^{2-}]$, (Figure I.4).

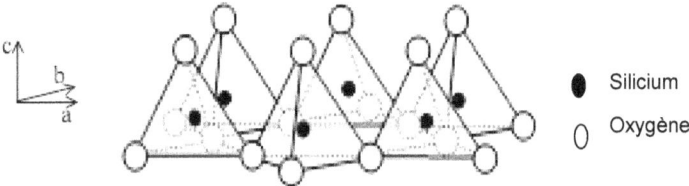

Figure I.4 : Couche tétraèdrique

I.2.1.3 L'octaèdre d'alumine $Al_2(OH)_6$, de magnésium $Mg_3(OH)_6$

Dans la structure octaèdrique, l'ion central est soit un ion d'aluminium (Al^{3+}), soit un ion de magnésium (Mg^{2+}). Ces ions sont entourés par six ions d'hydroxyde (OH^-).

Les unités octaèdriques sont liées entre eux à ce que le groupement (OH^-) soit partagé entre 3 unités octaèdriques. La formule générale de ce groupement est : $n[Al_2(OH)_6]$ ou $n[Mg_3(OH)_6]$, (Figure I.5).

Figure I.5 : Couche octaèdrique

I.2.1.4. Structure moléculaire des argiles

La mise en commun des feuillets tétraèdriques ou octaèdriques donne une unité structurale (couche), suivant trois cas possibles à savoir :

- l'unité structurale 1/1 (T-O), dont l'épaisseur est de l'ordre de 7,2 Å ;
- l'unité structurale 2/1 (T-O-T), dont l'épaisseur est estimée à 10 Å ;
- l'unité structurale 2/1/1 (T-O-T, O), dont l'épaisseur est dans l'ordre de 14 Å.

Les feuillets sont liés par des liaisons covalentes et ioniques (Belhadj, 2009).

I.2.2. Conditions de formation des sols argileux

Les argiles proviennent de la transformation de certains minéraux (feldspaths, biotite…) par l'altération, la sédimentation, et la diagenèse. Elles sont également formées par un processus d'altération des roches sédimentaires (Lakhdar 2006).

La nature de la roche mère, le climat, la topographie étant les principaux facteurs d'altération et de lessivage d'espèces minérales, tel que le feldspath, par les eaux superficielles moyennement acides avec un bon drainage, aboutit à la formation des argiles non gonflantes (kaolinite) de type 1/1. Mais lorsque le drainage est gêné, auquel s'ajoute un environnement alcalin, il aura la formation des argiles gonflantes (montmorillonite).

Ainsi, la décomposition des plagioclases provenant des micaschistes donnera naissance à des argiles litées gonflantes de type 2/1. Elles se rencontrent aussi comme produit d'altération des roches éruptives acides (granites, granulites, diorites, pegmatites, rhyolites) et également dans l'altération de certains cendres volcaniques (Righi et al., 1999).

I.2.2.1. Influence de la topographie et du climat

La topographie et les microclimats influencent le drainage. Ils agissent sur les propriétés du sol. En général, les sols de couleur sombre, peu drainés apparaissent dans les plaines à faible pente et tendent à avoir une plus grande concentration des minéraux du type 2/1. Pour ce qui est du climat, les argiles se forment généralement en milieu inter tropical chaud et humide (minéraux du type 1/1) (Righi et al., 1999).

I.3. ARGILES DE BANGUI

L'utilisation des argiles de Bangui est datée de 1958 par Dujardin de nationalité française dans la fabrication d'une briqueterie artisanale.

En 1960, deux briqueteries (Cubini et Carreira), proches du poste de Bimbo, utilisent déjà ces argiles dans la fabrication des briques et que la qualité de leur production est très satisfaisante (Wolff 1962).

Après Cubini et Carreira, c'est l'Etat Centrafricain qui prend la relève de 1962 à 1975 par une briqueterie industrielle Briceram (Briqueterie et Céramique).

A partir de 1975, Boujut, utilise ces argiles dans la fabrication des produits céramiques.

Enfin, ATIB (Art Technique et industriel Bianda) prend la relève depuis 1986 jusqu'aujourd'hui.

Parallèlement à toutes ces sociétés, il existe des petits artisans qui en utilisent pour fabriquer des briques, briquettes et de la poterie.

Ce chapitre nous a permis d'avoir une vue générale sur les matériaux argileux, sur les différentes classifications géotechniques des sols.

En outre, il nous donne une idée sur l'historique des argiles de Bangui et ses environs.

CHAPITRE II. CONTEXTE GÉOGRAPHIQUE DE LA ZONE D'ÉTUDE

II.1. LOCALISATION DE LA ZONE D'ÉTUDE

La République Centrafricaine (RCA) est un pays enclavé de 623000 Km^2, peuplé de 3.895.139 habitants (Recensement Général de la Population et des Habitats : RGPH 2003). Elle est située au cœur du continent Africain, entre $2,17°$ et $11,00°$ de latitude Nord, $14,67°$ et $27,75°$ de longitude Est.

La densité de la population est en moyenne 6,3 habitants/km^2. La zone d'étude qui est Bangui et ses environs se trouve dans la préfecture de l'Ombella M'poko (figure II.1), entre $4,33°$ et $4,50°$ de latitude Nord, $18,50$ ° et $18,75°$ de longitude Est. Elle est limitée au Nord par les sous préfectures de Damara et Boali ; au Sud par la rivière Oubangui ; au Sud Ouest par la rivière M'poko et à l'Ouest par la sous préfecture de Bimbo.

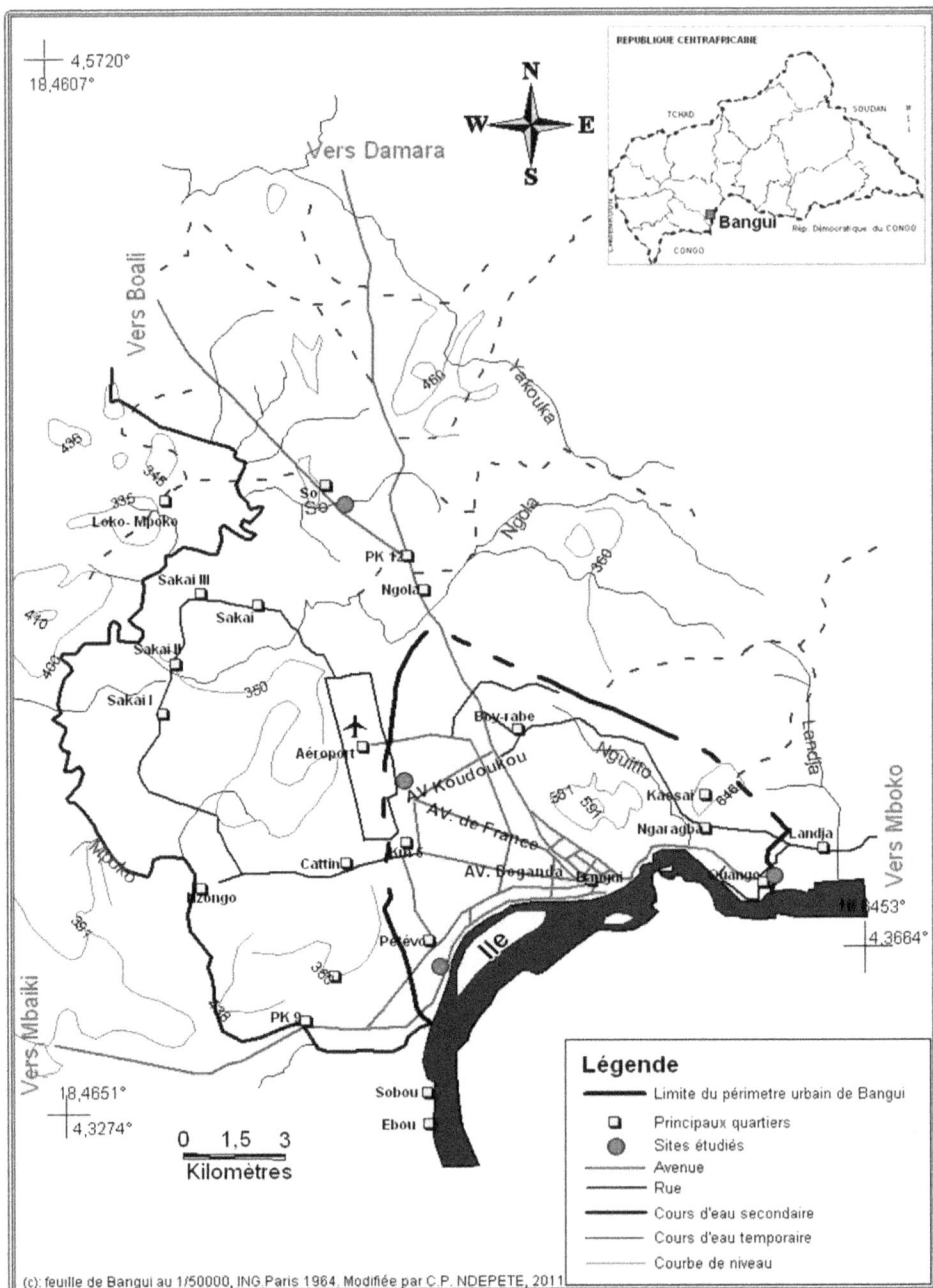

Figure II.1 : Localisation de la zone d'étude.

II.2. ASPECTS GÉOMORPHOLOGIQUES

II.2.1. Le relief

L'interprétation des photographies aériennes (AJCI 1999), et des images satellitaires (2009) montrent que le relief de la ville de Bangui est subdivisé en quatre unités en fonction de la décroissance de ses altitudes (figure II.2).

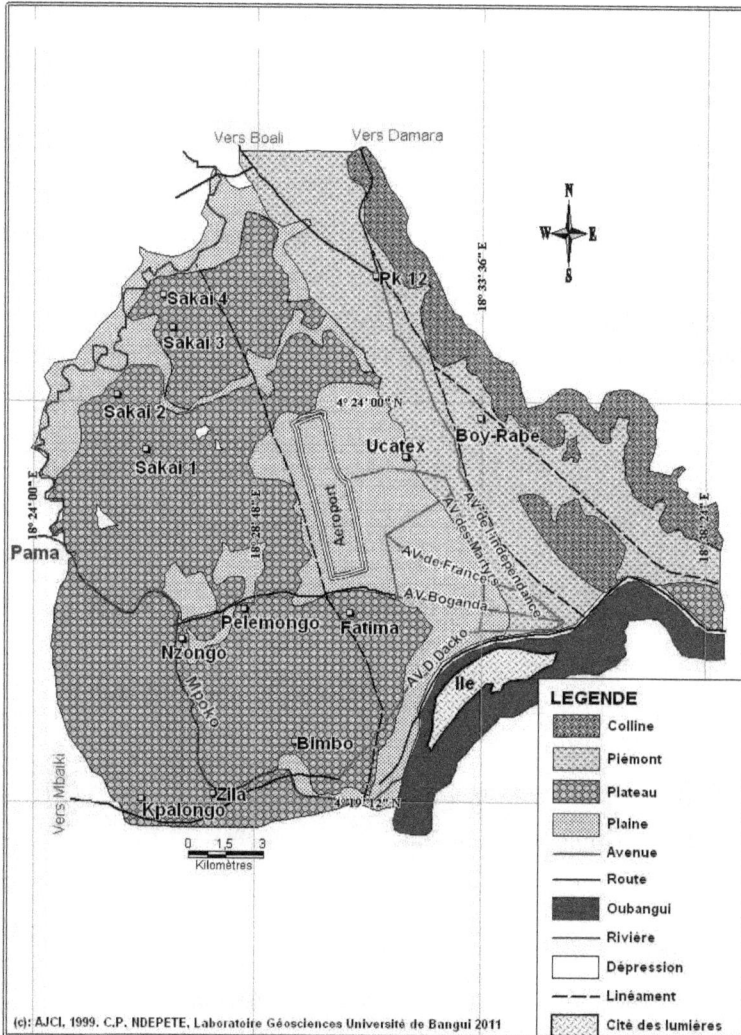

Figure II.2 : Grands ensembles morphologiques de la région de Bangui

II.2.1.1 Les collines

Les collines de Bangui (bas Oubangui et Daouba-Kassaï) s'observent à l'Est et au Nord de la ville. Ces deux collines sont presque parallèles, d'orientation globale NNW-SSE avec une altitude qui varie entre 500 et 700 m (figure II.3). Il s'agit de :

- collines de bas Oubangui (collines panthères) qui ont pour altitudes variant entre 500 et 600 m ;
- collines de Daouba-Kassaï qui font entre 600 et 700 m d'altitudes. Elle se trouve plus à l'Est de Bangui.

D'après (Nguimalet, 2004), ces collines occupent au total 15000 ha de l'agglomération, dont 870 ha pour celles des panthères.

Elles sont séparées par le couloir de Ndress caractérisé par des altitudes variant entre 360 et 450 m (figure II.3). Ce couloir draine tout le réseau de la Nguitto, cours d'eau qui prend sa source au Nord Est du quartier Boy-rabe sur les collines de Daouba-Kassaï et se jette dans l'Oubangui.

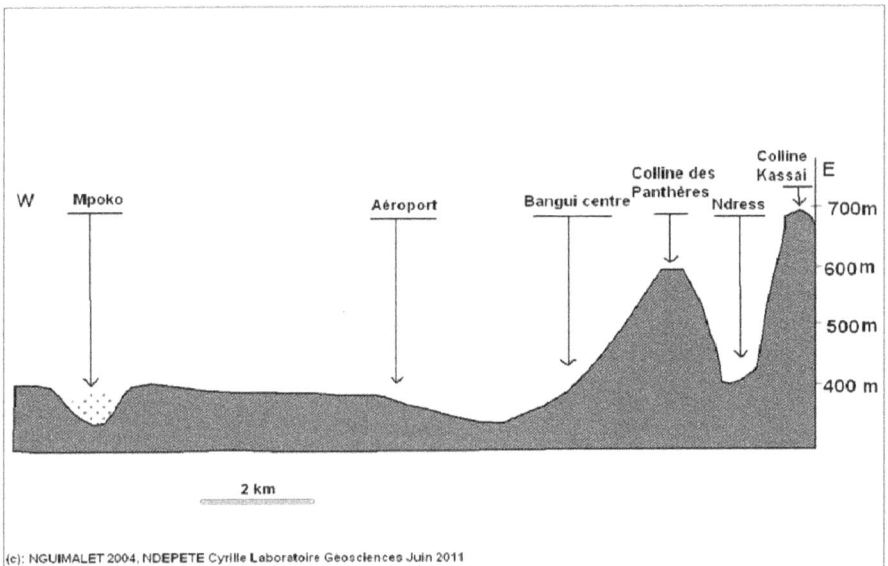

(c): NGUIMALET 2004, NDEPETE Cyrille Laboratoire Geosciences Juin 2011

Figure II.3 : Coupe géomorphologique des collines de Bangui

II.2.1.2. Le piémont

Il se situe au bas des collines, ce piémont s'étend avec une direction moyenne NNW-SSE sur environ 2 km de longueur. Dans ce piémont, on retrouve une formation d'argile latéritique brun rougeâtre.

II.2.1.3. La plaine alluviale

C'est la partie centrale de la zone d'étude. Elle forme des terres basses de 340 à 360 m de hauteur. Elle est pratiquement plane et inclinée très faiblement vers le fleuve Oubangui. La formation superficielle de ces secteurs est très argileuse. Ce qui induit une perméabilité réduite dans de nombreux secteurs.

Nous y retrouvons les secteurs fréquemment inondés, comme les quartiers Ngouciment, Miskine, Gbakondja, Castors et Pétévo, lesquels constituent des points bas de référence pour la ville (Cotes variant entre 340 et 350 m), et où tendent à se rassembler les eaux de pluie qui ruissèlent notamment sur les flancs des collines (Doyemet, 2006).

II.2.1.4. Le plateau

Il est légèrement entaillé par de petites vallées (Ngola, Ngoubagara, Ngongonon et Kokoro) ce qui lui donne un aspect apparemment morcelé à l'Ouest et au Nord de Bangui, à une hauteur de 360 à 400 m. Il a une surface recouverte d'argile latéritique rougeâtre.

D'une manière générale, la morphologie de Bangui selon Boulevert (1976), se présente par une surface de pénéplanation fortement indurée et latéritisée, légèrement pentée vers le Nord et culminant à l'Est de Bangui à environ 700 m d'altitude (collines de Bas Oubangui et celles de Daouba – Kassaï).

II.2.2. Le climat

Le climat de Bangui est de type guinéen forestier avec une alternance de deux saisons : une saison pluvieuse assez longue (de mars au début décembre), et une saison sèche (de décembre au mois de mars). Il a une pluviométrie d'environ 1600 mm par an et une température moyenne de 25,5°C (ASE CNA, 2010).

II.2.3. La végétation

L'expansion démographique et l'action anthropique de la population sont à la base de la dégradation des végétations de la ville de Bangui. Elle subsiste actuellement dans la zone urbaine par la forêt humide de la colline des panthères (Bas Oubangui) et de Kassaï.

La forêt dense constituée de plusieurs espèces d'arbres se retrouve à l'Ouest de Sakaï I et de Sakaï II, le long de la M'poko et à Mboko (à l'est).

Dans son ensemble la région de Bangui apparait comme une zone de transition entre la forêt humide et la savane pré-forestière (Boulevert, 1976).

II.2.4. Le réseau hydrographique

L'espace hydrographique de Bangui est essentiellement constitué de l'Oubangui, la M'poko, Nguérengou et la Ngola. Il est également composé de quelques petits cours d'eau comme Ngoubagara, Ngounguélé, Saye-voir, Kokoro, Nguitto, Landja, Guitangola,….. Ils se jettent soit dans la M'poko soit directement dans l'Oubangui et sont parfois tarissables en saison sèche rude.

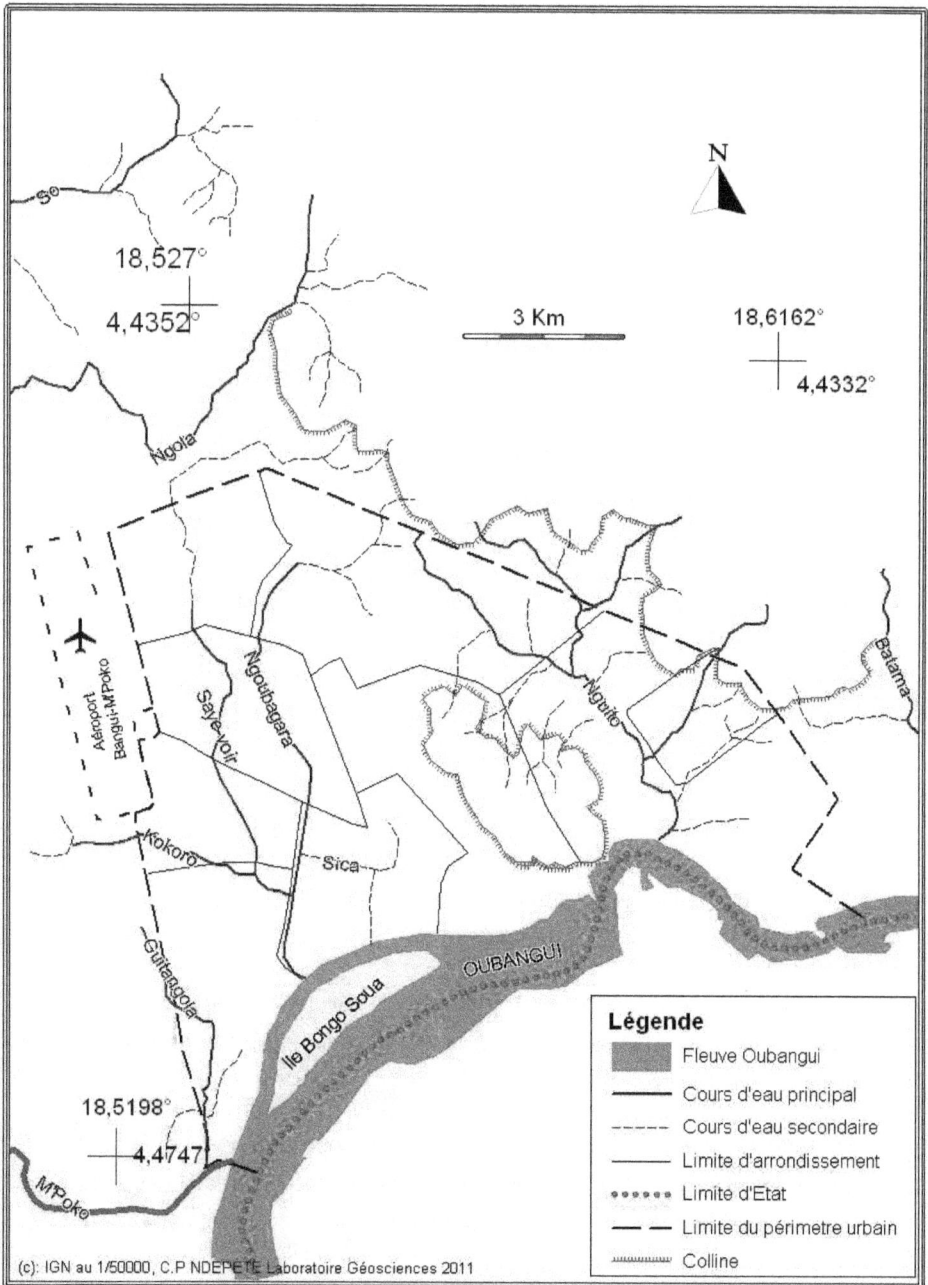

Figure II.4 : Carte hydrographique de Bangui

II.3. GÉOLOGIE DE LA RÉGION

La République Centrafricaine est constituée d'un socle archéen (2,5 Ga) et d'une couverture métasédimentaire protérozoïque. Le tout recouvert dans sa partie Nord par une nappe métamorphique charriée vers le Sud au cours de l'orogenèse panafricaine vers 620 Ma (Nédelec et *al.*, 1986 ; Pin et Poidevin 1986 ; Nzenti et *al.*, 1988 ; Toteu et *al.*, 1994), in MOLOTO, 2002.

Dans sa partie Sud Ouest, les formations sont dominées par deux séries schisto-quartzitiques : la série plissée de Yangana-Pama-Boda (YPB) et la série de Bangui-Mbaïki-Boali (BMB) peu métamorphisée et faiblement plissée, constituée de quartzites, de schistes et de conglomérats. D'une manière générale, la stratigraphie se présente de la manière suivante :

Dans la région de Bangui, notre zone d'étude, affleurent deux types de formation. Les séricitoschistes très métamorphisés et plissés (série de Yangana-Pama-Boda) sont surmontés par des quartzites peu métamorphisés (série de Bangui-Mbaïki-Boali). Ces deux formations reposent sur le socle granito-gneissique dont les parties les plus visibles sont situées au Sud Ouest de Bangui, dans la région de Bogoin où l'on rencontre les green stone belt constituées de Komatiites, de roches volcano-sédimentaires (Biandja 1988 ; Poidevin 1991), in Doyemet, 2006.

D'après Cornacchia et Giorgi (1986), la région de Bangui est constituée par des calcaires, des grès, des conglomérats, des schistes, des quartzites, des micaschistes et des amphibolites. On observe des intrusions de la dolérite, du granite et du granodiorite, à la périphérie.

Dans ce chapitre, nous pouvons retenir que la région de Bangui et ses environs montrent un relief subdivisé en quatre unités géomorphologiques en fonction de la décroissance de ses altitudes.

En outre, la zone d'étude apparait comme une zone de transition entre la forêt humide et la savane pré forestière qui favorise la mise en place des formations argileuses qui se trouvent dans les parties basses (340 à 360 m de hauteur).

Cependant, sur le plan géologique la zone d'étude comporte deux séries schisto-quartzitiques : la série plissée de Yangana-Pama-Boda (YPB) et la série de Bangui-Mbaïki-Boali (BMB) peu métamorphisée et faiblement plissée, constituée de quartzites, de schistes et de conglomérats.

CHAPITRE III. APPROCHES MÉTHODOLOGIQUES

Afin d'atteindre les objectifs fixés, la méthodologie adoptée pour ce travail nous permet de repartir ce chapitre en deux phases à savoir :

- le terrain qui englobe les observations, la prise des données GPS (pour la localisation de nos différents sites) et le prélèvement des matériaux ;
- le Laboratoire National du Bâtiment et des Travaux Publics (LNBTP) qui nous a permis de réaliser nos différents essais géotechniques et le Laboratoire Géosciences pour la réalisation de nos différentes cartes.

III.1. TERRAIN

III.1.1. Observation

Pour les collectes des données, nous avons effectué plusieurs sorties de terrain tout en utilisant le GPS et un appareil photo numérique.

III.1.2. Localisation des sites

Plusieurs sites ont été visités, dont quatre sont retenus pour les différents essais au laboratoire. Les sites sur lesquels nous avons effectués nos travaux proviennent des localités suivantes :

Tableau III.1 : Les différents sites

Localités	Cordonnées
1 : Cité ASECNA	4°23'42,7'' N et 18°31'46,9'' E
2 : Villa Kolongo	4°20'28,6'' N et 18°32'39,4'' E
3 : Pont Sô Pk15 route Boali	4°27'57,6'' N et 18°30'40,3'' E
4 : Ouango Bangui	4°22'17,9'' N et 18°37'28,5'' E

➤ **1 (cité ASECNA)**

Le site 1 se situe à coté de l'aéroport Bangui M'poko précisément dans la cité ASSECNA (photo III.1). Il se trouve dans une zone de savane arborée.

Photo III.1 : Vue générale du site 1 (cité ASECNA)

> 2 (villa Kolongo)

Ce site se situe au Sud Ouest de Bangui au bord du fleuve Oubangui. La vue générale de ce site indique la présence d'une savane herbeuse avec quelques arbres qui sont espacés (photo III.2).

Photo III.2 : Vue générale du site 2 (villa Kolongo)

> 3 (pont Sô)

Il se trouve au Nord Ouest de Bangui à 15 km sur la route N°1 à côté du pont Sô. Cette zone présente un niveau latéritique plus induré dans sa partie supérieure intercalée des niveaux argileux (photo III.3). La végétation est une savane arborée.

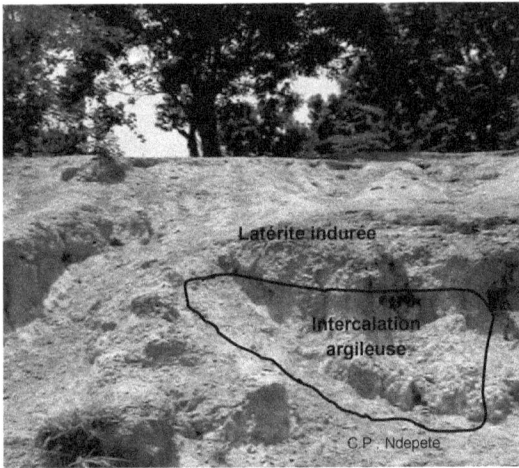

Photo III.3 : Vue générale du site (pont Sô)

> ➤ 4 (Ouango 7e arrondissement)

Le site de Ouango se trouve au Sud Est de Bangui dans une briqueterie artisanale. Il se trouve dans une vallée derrière la colline de Kassaï.

La végétation prédominante est celle d'une savane arborée.

Photo III.4 : Vue générale du site (Ouango)

III.1.3. Techniques de prélèvement des matériaux

Deux catégories d'échantillons ont été prélevées sur les différents sites :

–   **échantillons remaniés ou en vrac** : la technique de prélèvement de ce matériau consiste à faire un trou d'au moins 2 m de profondeur et de récupérer par la pelle les matériaux sur le flanc de ce trou. Elle permet de prélever des matériaux remaniés qui sont directement conservés dans des sacs à jute bien étiquetés puis acheminés au laboratoire (photo III.5).

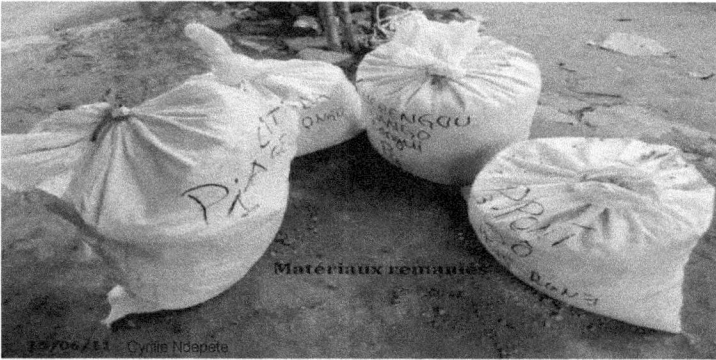

Photo III.5 : Prélèvement remaniés

–   **échantillons intacts** : prélevés par abattage d'un échantillonneur à tube PVC 100 à paroi mince ouverte, à l'aide d'une massette.

L'échantillon est paraffiné sur les deux extrémités et placé dans des sachets pour éviter l'évaporation et destinés au laboratoire (photo III.6).

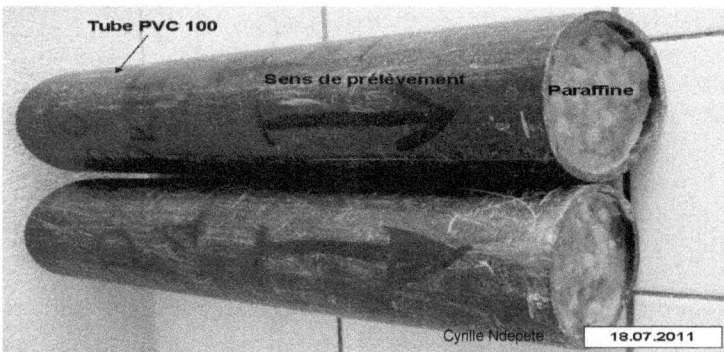

Photo III.6 : Prélèvement intact

Sur ces deux catégories d'échantillons, nous avons réalisé des essais physiques et des essais mécaniques au Laboratoire.

III.2. LABORATOIRE

III.2.1. Essais physiques et mode opératoire

III.2.1.1. Détermination de la teneur en eau

Tout échantillon faisant l'objet d'une étude de sol, doit passer par la teneur en eau. C'est un essai qui détermine le poids de l'eau contenu dans un sol rapporté à son poids sec (Magnan, 1980).

Avant de commencer l'essai, le matériau doit être malaxé afin d'avoir une bonne homogénéité.

Par quartage, on prend les deux tiers (2/3) du matériau dans une tare. Pour la détermination de la teneur en eau, on pèse :

– P1 = Poids de la tare

– P2 = Poids du matériau humide + Poids de la tare

On laisse P2 à l'étuve pendant 24 heures à 105°C. Une fois sortie de l'étuve, on pèse :

– P3 = Poids du sol sec et celui de la tare et on détermine le poids d'eau (Pe) ;

– Pe = P2 – P3 et le Poids du sol sec (Ps) ;

– Ps = P3 – P1. Enfin on détermine la teneur en eau (W) par la formule ;

$$W = \frac{Pe}{Ps} \times 100 \qquad \text{soit} \qquad W = \frac{P2-P3}{P3-P1} \times 100 \qquad (\%) \qquad (3\text{ -}1)$$

En première approximation, plus la teneur en eau naturelle d'un matériau est très élevée moins ces caractéristiques géotechniques sont bonnes (AZZOUZ, 2006).

III.2.2. Analyse Granulométrique

L'analyse granulométrique consiste à déterminer la distribution dimensionnelle des grains constituant un matériau (Ghomarif et Bendi – Ouisa, 2008), et comprend :

- un tamisage sous l'eau pour la distribution dimensionnelle en poids des particules de dimension supérieure ou égale à 80 microns.

- la sédimentométrie pour la distribution dimensionnelle en poids des particules de dimension inférieure à 80 microns.

Pour sa réalisation, le matériau prélevé est séché à l'étuve à 105°C pendant 24 heures.

Une fois sortie de l'étuve, on détermine le poids du matériau sec et il est alors imbibé pendant 24 heures dans l'eau.

Après cette imbibition, on procède au lavage du matériau dans les tamis de 2 et 0,080 mm placés de manière superposée.

L'échantillon après lavage sera séché pendant 24 heures à 105°C puis on procède au tamisage. Il se fait en utilisant une série de tamis de mailles différents disposés d'une manière décroissante.

Après vérification, on pèse le refus des tamis supérieurs jusqu'à ce qu'il ne reste plus que le refus de 0,080 mm.

Le pourcentage est obtenu par la formule suivante :

- $$\% = \frac{\text{Poids de refus cumulés}}{\text{Poids de l'échantillon}} \times 100 \qquad (3\text{-}2)$$

- $$Pc \text{ (passant cumulé)} = 100 - \% \qquad (3\text{-}3)$$

Les résultats seront portés sur un papier semi logarithmique où on a en abscisse les dimensions des mailles sur une échelle logarithmique et en ordonnée les pourcentages des passants sur une échelle arithmétique.

III.2.3. Sédimentométrie (densimétrie)

L'analyse densimétrique est la continuation du tamisage et rend complet l'essai granulométrique. Elle classe donc selon les diamètres le pourcentage des particules inférieures à 0,1 mm, en admettant que toutes ces particules sont de forme sphérique. C'est l'application de la loi de STOKES, qui s'écrit :

$$V = \frac{(\gamma_s - \gamma_0)\, g.\, d^2}{1.800\eta} \qquad (3-4)$$

V = Vitesse de décantation de la particule en cm/s

g = Accélération de la pesanteur en cm/s^2

γ_s = Poids spécifique du grain en g/cm^3

d = Diamètre de la sphère en mm

γ_0 = Poids spécifique du liquide en g/cm^3

η = Viscosité du liquide en poises.

Cette loi est applicable aux grains dont les diamètres sont compris entre 0,2 mm et 0,2 µ.

On opère sur une suspension de grains de sol dans l'eau à faible concentration (20g du matériau plus 3g d'un solvant pour 1L d'eau).

Par agitation pendant 10 minutes, le matériau à étudier est mis en suspension dans le liquide de sédimentation, puis, on le laisse pendant 20 minutes avant de commencer les lectures à des temps différents t, t' etc…. Permettons de calculer les pourcentages des grains exprimés par la formule ;

$$\% \text{ des grains} = \frac{(\% < 0,100) \times \text{lectures corigées à chaque temps}}{\text{Lecture corigée à 15 secondes}} \qquad (3-5)$$

III.2.4. Poids spécifiques des grains solides

Le poids spécifique des grains est le poids des grains solides qui constitue notre matériau.

A l'aide d'un tamis de 5 mm, on récupère les passants de 5 mm et on détermine le volume des grains ainsi que sa masse.

$V_g = [(P_{flc} + eau) + (Ps)] - [P_{flc} + eau + matériaux]$ (m^3) (3-6)

$\gamma_s = M/V_g$ (T/m^3) (3-7)

V_g = volume des grains (m^3) **Ps** = poids du sol sec (T)

P_{flc} = poids du flacon   (g) γ_s = poids spécifique des grains (T/m^3)

M = masse des grains solides

III.2.5. Limites d'Atterberg

On distingue trois états dans la consistance des argiles :

- état liquide : les grains du sol sont indépendants les uns des autres, leurs mouvements relatifs sont aisés.
- état plastique : les grains se sont rapprochés et sont reliés les uns aux autres formants des chaînes de molécules d'eau qui s'accrochent aux extrémités des grains.
- état solide : les grains sont encore plus près les uns des autres, ils arrivent même en contact en quelques points, en chassant l'eau interstitielle.

On appelle la transition progressive d'un état à un autre les limites d'Atterberg qui sont précisées quelques années après par Casagrande :

- la limite de liquidité (LL) qui sépare l'état liquide de l'état plastique ;
- la limite de plasticité (LP) qui sépare l'état plastique de l'état solide ;
- L'indice de plasticité (Ip), est la différence entre la limite de liquidité (LL) et la limite de plasticité (LP).

Ces limites sont mesurées au laboratoire sur le mortier de la fraction de sol passant au tamis de 0,40 mm (tamis AFNOR module 27) et sous les coups de chute successive de coupelle (photo III.7).

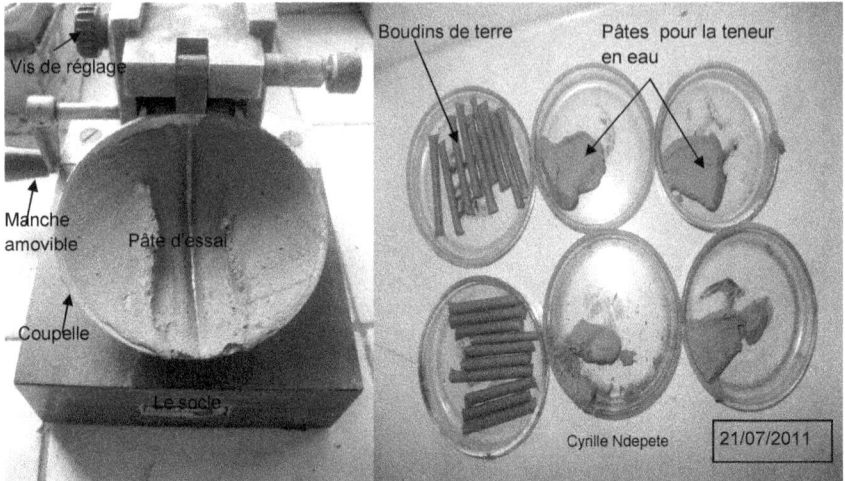

Photo III. 7 : Appareil de Casagrande (réalisation des limites d'Atterberg)

On peut, en première approximation, classer les matériaux en fonction de l'abaque de plasticité de Casagrande.

III.3. ESSAIS MÉCANIQUES ET MODE OPÉRATOIRE

III.3.1. Compressibilité à l'oedomètre

Le principe de l'essai consiste à mesurer le tassement (Δh) d'une éprouvette de sol cylindrique soumise à une compression uni axiale σ_1 croissante en empêchant toute déformation latérale $\xi_2 = \xi_3 = 0$, (Magnan et *al.*, 1985), (photo III.8).

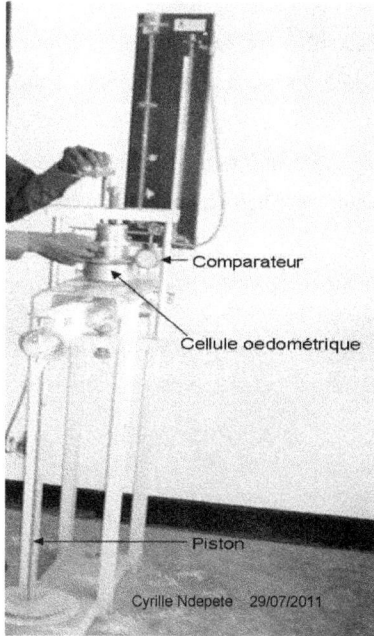

Photo III.8 : Dispositif utilisé pour l'essai oedométrique

Les deux extrémités (supérieure et inférieure) de l'échantillon sont drainées. La première journée, la lecture se fait seulement sous la contrainte du piston (0,04 kg/cm²).

Après 24 heures, on mesure pour chaque palier de contrainte σ_1 les déformations verticales en fonction du temps (logarithme décimal du temps).

Après avoir fini les sept jours de chargement et deux jours de déchargement, on trace la courbe oedométrique qui sera la variation de l'indice vide (e) en fonction du logarithme décimal de la contrainte à l'exemple de la figure III.1.

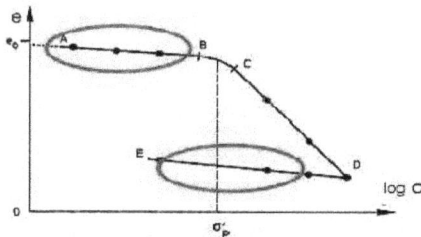

Figure III.1 : Courbe oedométrique

- La droite A-B correspond à un faible tassement qui est due aux contraintes auxquelles le sol a déjà été soumis à un moment de son histoire géologique (poids des terres).
- La droite C-D correspond à une forte compressibilité aux quelles le sol ne peut supporter les contraintes supérieures à toutes celles qu'il a déjà connues (courbe vierge).
- La droite D-E correspond au relâchement du sol (courbe de déchargement).

En partant de cette courbe, nous pouvons calculer l'indice de compressibilité (C_c), la perméabilité (Ke_0), la porosité (n) et la compacité (C) par les formules suivantes:

$$C_c = \frac{e1 - e2}{\log \sigma2 - \log \sigma1} \qquad (3.8)$$

$$Ke_0 = 2,3\log\frac{60}{10} \times \frac{s}{S} \times \frac{ho}{\Delta t} \qquad (3.9)$$

$$n = \frac{e0}{1 + e0} \qquad (3.10)$$

$$\text{Compacité} = 1 - n \qquad (3.11)$$

Ces essais sont exécutés conformément aux méthodes d'essais LCPC en vigueur.

III.3.2. Essai de compactage (Proctor)

Le but de l'essai Proctor est de déterminer quelle est la teneur en eau optimale d'un sol qui permet le meilleur compactage pour une énergie donnée. Il est basé sur la remarque que la compacité est proportionnelle à la densité sèche du terrain (Réunion des Ingénieurs, 1973).

On distingue deux types d'essai Proctor qui sont :

- l'essai Proctor normal est utilisé pour le compactage des sols fins. Il a une énergie de compactage de 25 coups par couche, pour un total de 3 couches dans un petit moule ;
- le Proctor modifié a une grande énergie de compactage qui est de 55 coups par couche pour un total de 5 couches. Il concerne les matériaux graveleux.

Pour la réalisation de cet essai, le matériau prélevé est séché pendant 24 heures puis tamisé pour éliminer les grains supérieurs à 5 mm de diamètre.

Du tamisât, on prélève 3 Kg du matériau quatre fois successivement et on les met dans quatre bacs différents.

Après le refroidissement total des échantillons, on les malaxe en mélangeant avec l'eau suivant un pourcentage de 10, 12, 14, 16 jusqu'à ce que le malaxage soit homogène, puis on procède au compactage.

Le calcul des paramètres sera comme suit :

$$\gamma_h = P_h / V_m \qquad\qquad (T/m^3) \qquad\qquad (3.12)$$

$$\gamma_d = \gamma_h \times 100 / We + 100 \qquad (KN/m^3) \qquad\qquad (3.13)$$

γ_h = densité humide

γ_d = densité sèche

Les résultats obtenus permettent de tracer une courbe où l'on porte la densité sèche en ordonnée et en abscisse les teneurs en eau. Cette courbe présentera un maximum pour une certaine humidité qui s'appellera par définition (optimum Proctor).

III.3.3. Le C.B.R

Le CBR (Californian Bearing Ratio) est un essai de poinçonnement réalisé dans les conditions bien définies sur les échantillons moulés suivant la méthode Proctor avec des énergies et les teneurs en eau déterminées.

Cet essai consiste à déterminer l'indice portant du sol et permet l'utilisation future de ce sol, car le C.B.R est basé sur la densité sèche optimum Proctor.

Contrairement au Proctor, pour le C.B.R, on prélève 18 Kg du matériau que l'on place dans un seul bac.

Le malaxage se fait en mélangeant la teneur en eau (W) du Proctor multipliée par le poids du matériau. Après on malaxe jusqu'à ce que le mélange soit homogène puis on procède au compactage dans trois moules différents qui seront par la suite immergés pendant quatre jours tout en faisant la lecture sur les comparateurs tous les jours (photos III.8).

Photo III.9 : Dispositif utilisé pour l'essai CBR

L'indice C.B.R exprimé en % est le rapport de la pression obtenue sur le matériau étudié à la pression sur le sol standard pour un même enfoncement (enfoncement à 2,5 mm et à 5 mm) donc : $P/0,70$ et $P/1,05$ (les valeurs 0,70 et 1,05 sont les valeurs étalons déterminées en soumettant à l'essai un sol type californien reconnu comme étant un bon sol au sens routier).

P = Pourcentage ; l'indice C.B.R est pris égal à la plus grande de ces deux valeurs. Ces valeurs permettent de tracer une courbe qui montre la variation de la densité sèche en fonction de l'indice CBR

La deuxième phase du laboratoire est consacrée à la partie cartographique de ce travail.

III.4. CARTOGRAPHIE

De toutes les études géologiques, cartographiques qui ont été menées sur Bangui et ses environs, aucune mention n'a été faite sur la localisation des formations argileuses. Face à cette situation, nous avons décidé d'utiliser le Système d'Information Géographique (SIG) afin de cartographier les formations argileuses dans cette zone d'étude.

Pour se faire, nous avons utilisé des outils informatiques, des logiciels dont MapInfo et Google Earth, le positionnement par satellite (GPS).

III.4.1. Méthode de réalisation de la carte

La réalisation de la carte des zones de favorabilité d'argile se passe par deux étapes importantes (digitalisation et numérisation).

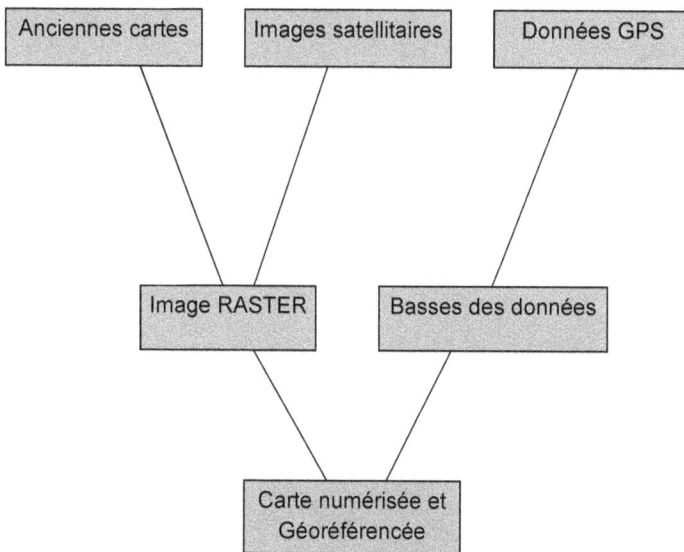

Nous retenons pour ce chapitre que nos matériaux ont été prélevés de deux manières et dans quatre localités différentes (ASECNA, Villa Kolongo, Pont Sô et Ouango).

Ces matériaux ont été soumis à des différents essais de Laboratoire (physiques et mécaniques).

Pour la réalisation de nos cartes, nous avons utilisé les données des terrains, des outils informatiques et des logiciels.

Les résultats obtenus à cet effet sont analysés et interprétés au chapitre suivant.

CHAPITRE IV : ANALYSE ET INTERPRÉTATION DES RÉSULTATS

Ce chapitre est consacré à l'analyse et à l'interprétation des résultats des caractéristiques lithologiques, des essais d'identification et de classification des sols et des essais mécaniques exécutés sur les différents matériaux.

IV.1. DESCRIPTION DES DIFFÉRENTS NIVEAUX DE PRÉLÈVEMENT

IV.1.1. Lithologie des sites

Les figures IV.1, IV.2, IV.3 et IV.4 montrent la succession des couches de nos différents sites de prélèvement.

IV.1.1.1. Site 1(cité ASECNA)

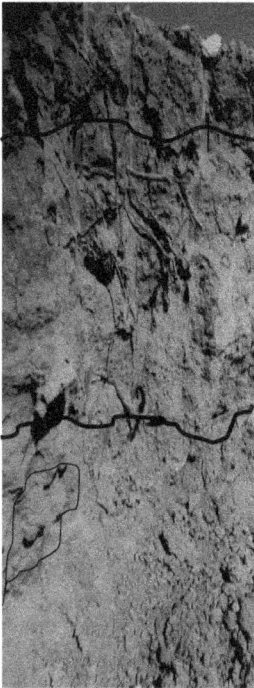

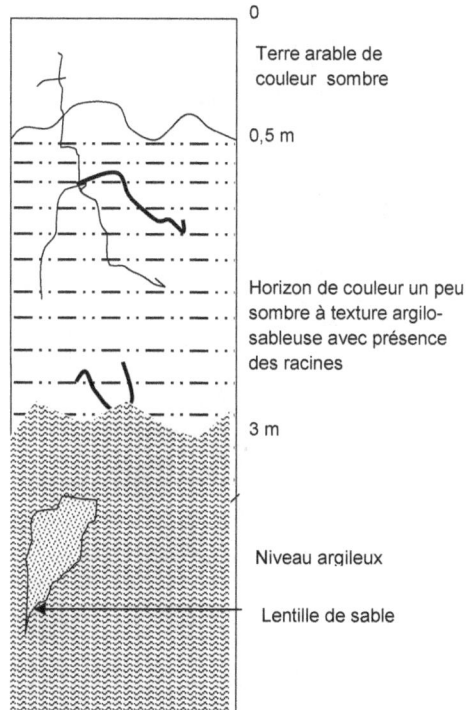

Figure IV.1 : Lithologie du niveau de prélèvement du site 1

Il s'agit d'une série argileuse qui présente 3 niveaux différents (figure IV.1) :

- de 0 à 0,5 m, nous avons la terre arable de couleur sombre contenant des racines de diamètre millimétrique à centimétrique. L'horizon est très humifère et friable avec une limite régulière ;
- de 0,5 à 3 m, nous avons un horizon de couleur peu sombre contenant des racines et d'humus. La texture est argilo-sableuse;
- au delà 3 m, nous avons un niveau argileux ne contenant pas des racines. Il contient par endroits des lentilles de sable fin.

IV.1.1.2. Site 2 (Villa Kolongo)

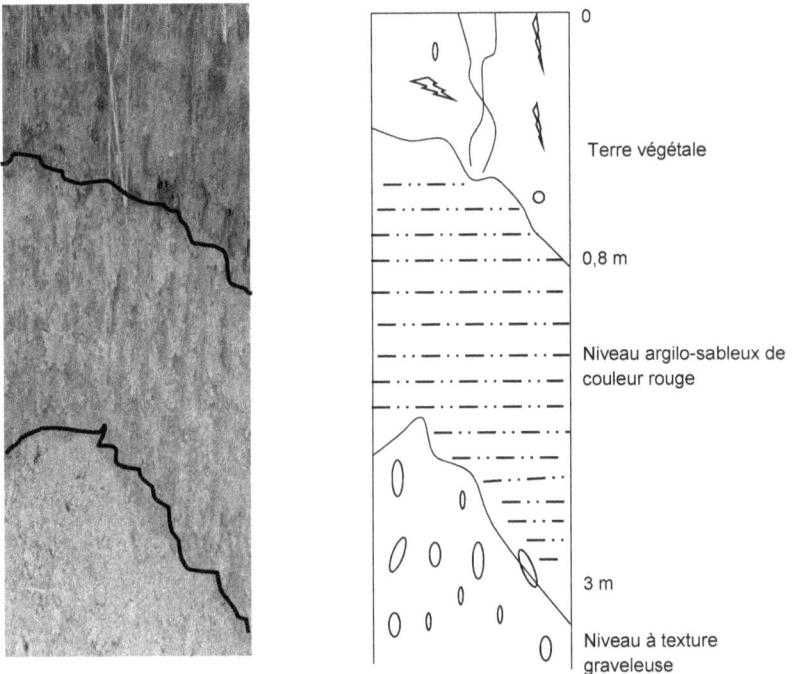

Figure IV.2 : Lithologie du niveau de prélèvement du site 2

Il est constitué de 3 niveaux de couleurs et de compositions différentes (figure IV.2) :

- de 0 à 0,8 m, nous avons la terre végétale sombre contenant des racines de diamètre millimétrique à centimétrique avec présence des galets plus ou moins arrondis ;

- de 0,8 à 3 m, nous avons un horizon de couleur rouge. La texture est sablo-argileuse. Le sable est fin et ne contient pas de racines ;
- au delà de 3 m, le niveau présente une couleur ocre à texture graveleuse. La dimension des grains varie de 2 à 10 mm. Il s'agit des galets de quartz plus ou moins arrondis de couleur blanche.

IV.1.1.3. Site 3(Pont So)

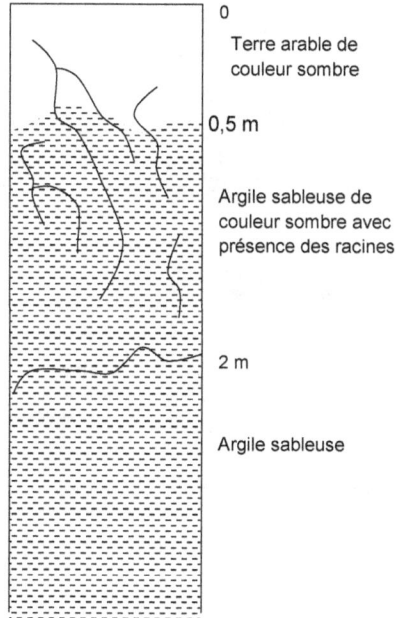

Figure IV.3 : Lithologie du niveau de prélèvement du site 3

Ce site présente 2 niveaux différents (figure IV.3) :

- de 0 à 0,5 m, nous avons la terre végétale de couleur sombre contenant des racines. L'horizon est friable ;
- de 0,5 à 2 m, nous avons une formation argilo-sableuse de couleur jaune sombre très fine avec la présence des racines ;
- au-delà de 2 m, nous avons la même formation précédente qui ne contient pas de racines. Elle est friable avec une texture fine.

IV.1.1.4. Site 4 (Ouango 7e arrondissement)

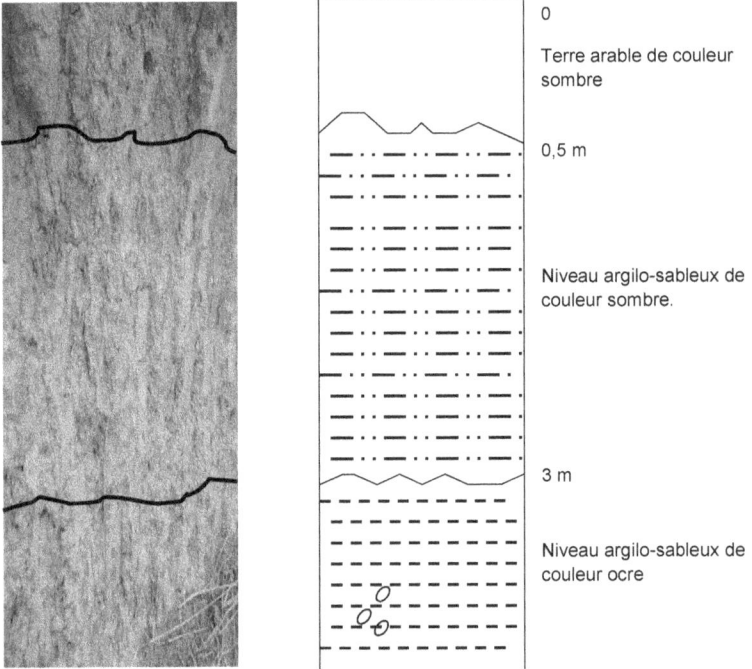

0

Terre arable de couleur sombre

0,5 m

Niveau argilo-sableux de couleur sombre.

3 m

Niveau argilo-sableux de couleur ocre

Figure IV.4 : Lithologie du niveau de prélèvement du site 4

Il s'agit d'une formation argileuse qui présente 3 niveaux lithologiques différents (figure IV.4) :

– de 0 à 0,5 m, nous avons la terre végétale sombre très friable ;

– de 0,5 à 3 m, l'horizon est sablo-argileux de couleur plus ou moins sombre. La texture est fine ;

– au-delà de 3 m, nous avons une formation argilo-sableuse de couleur ocre. On note dans cette formation la présence des galets arrondis.

De ces différentes lithologies nous pouvons dégager ce qui suit :

Les différents sites étudiés sont constitués de haut en bas des terres végétales de couleur sombre avec présence de racines, des niveaux argileux de couleur variées (rougeâtre, ocre, jaunâtre à gris sombre) et des niveaux à texture graveleuse.

La présence de couleur rouge sombre indique un faible degré d'oxydation avec présence des matières organiques. Par contre la couleur rougeâtre marque la présence des oxydes de fer.

IV.2. ESSAIS GÉOTECHNIQUES

Les tableaux IV.1 à IV.3 présentent les résultats des essais d'identification (paramètres d'état, granularité, limites d'Atterberg) déterminés entre 1 à 3,5 m de profondeur dans 4 sites différents.

Le tableau IV.4 présente les résultats des essais mécaniques (compressibilité à oedomètre) et les tableaux IV.5 et IV.6 les résultats des essais de compactage et de portance (Proctor normal et CBR).

IV.2.1. Essais d'identification

IV.2.1.1. Paramètres d'état

Tableau IV.1 : Paramètres d'état

Profondeur 1 à 3,5 m				
Sites	1	2	3	4
W_{int} (intact)	14,5	18,3	24,4	16,2
W_{rem} (remaniée)	13,2	15,3	14,4	14,8
Densité apparente : γ_h (T/m^3)	1,63	1,80	1,96	1,97
Densité des grains solides : γ_s (T/m^3)	2,62	2,62	2,60	2,64
Densité sèche : γ_d (T/m^3)	1,55	1,48	1,59	1,74

L'analyse des résultats de ce tableau montre qu'il n'y a pas une variation considérable de poids spécifique dans les quatre sites. Ce même constat est à signaler pour les densités sèches. Ce qui signifie que dans un matériau, l'eau a une influence directe sur le comportement d'un matériau.

Par contre, la teneur en eau varie considérablement sur un même matériau (W_{int} et W_{rem}). Cette variation est due à l'évaporation de l'eau dans les matériaux remaniés.

IV.2.2. Granularité

Les analyses granulométriques ont été faites par tamisage puis par sédimentométrie suivant les normes (NF P94-041 pour tamisage et NF P94-057 pour la sédimentométrie). Les résultats de ces analyses donnent l'allure des différentes courbes présentées sur la figure IV.5.

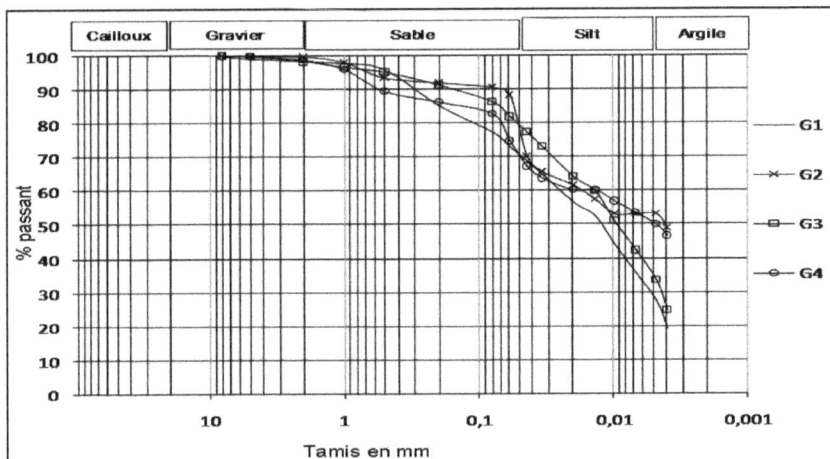

Figure IV.5 : Courbes granulométriques des différents sites

À partir de ces courbes, nous calculons les différentes proportions des éléments qui se trouvent dans les matériaux des différents sites. Ces résultats sont consignés dans le tableau IV.2

Tableau IV.2 : % des passants aux tamis indiqués

Sites	1	2	3	4
Gravier (2-12,5 mm)	2,47%	11,67%	2,67%	18,33%
Sable (0,05-2 mm)	34,56%	48,33%	25,33%	45%
Silt (5 µ-0,05 mm)	53,09%	30%	61,33%	31,67
Argile (4 µ-5 µ)	9,88%	10%	10,67%	5%

De ces résultats, on a sur les figures IV.6 à IV.9 les différents camemberts.

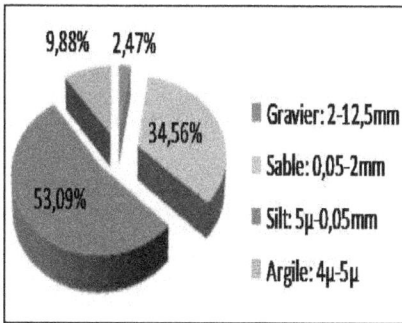

Figure IV.6 : Granularité du site 1

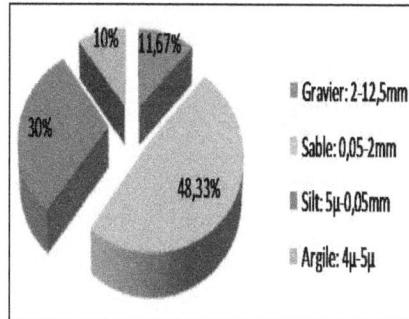

Figure IV.7 : Granularité du site 2

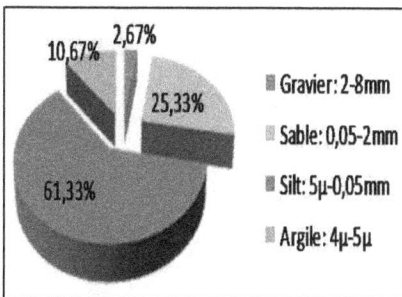

Figure IV.8 : Granularité du site 3

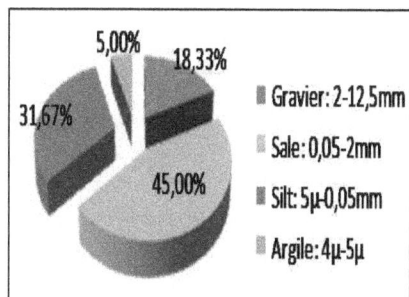

Figure IV.9 : Granularité du site 4

On constate que les sites présentent des granularités différentes :

- 2,47% de gravier, 34,56% de sable, 53,09% de silt et 9,88% d'argile pour le site1;
- 11,67% de gravier, 48,33% de sable, 30% de silt et 10% d'argile pour le site 2 ;
- 2,67% de gravier, 25,33% de sable, 61,33% de silt et 10,67% d'argile pour le site 3 ;
- 18,33% de gravier, 45% de sable, 31,67% de silt et 5% d'argile pour le site 4.

La projection de ces proportions dans le diagramme triangulaire de DURIEZ et ARRAMBIDE (figure IV.10) montre que nos matériaux sont :

- des silts argileux sites 1 et site 3 ;
- des sables argileux sites 2 et site 4.

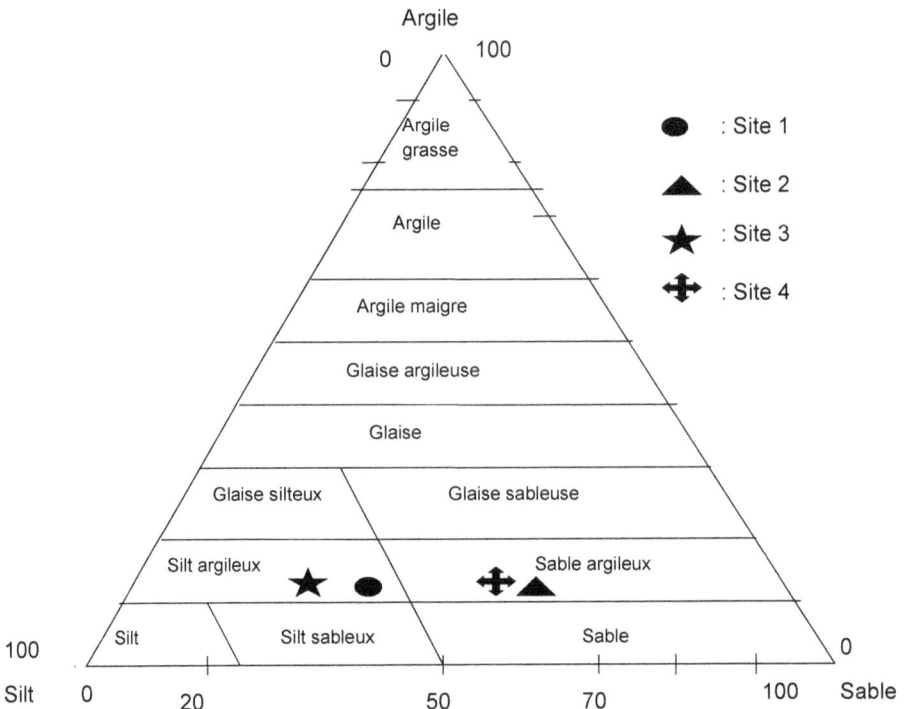

Figure IV.10 : Classification triangulaire (DURIEZ et ARRAMBIDE, 1962) modifiée

IV.2.3. Limites d'Atterberg

Elles sont réalisées selon la norme (NF P94-051), les résultats sont compilés dans le tableau IV.3.

Tableau IV.3 : Limites d'Atterberg

Sites	1	2	3	4
LL	26	35	31	39
LP	12	17	13	17
I_P	14	18	18	22
I_c	0,9	1,1	0,9	1,0
I_L	0,08	- 0,09	0,07	- 0,09

Le report de ces résultats (Ip en fonction de LL) dans le diagramme de Casagrande montre que le site 1 se trouve dans les argiles minérales de faible plasticité par contre les sites 2, 3 et 4 se trouvent dans les argiles minérales de moyenne plasticité.

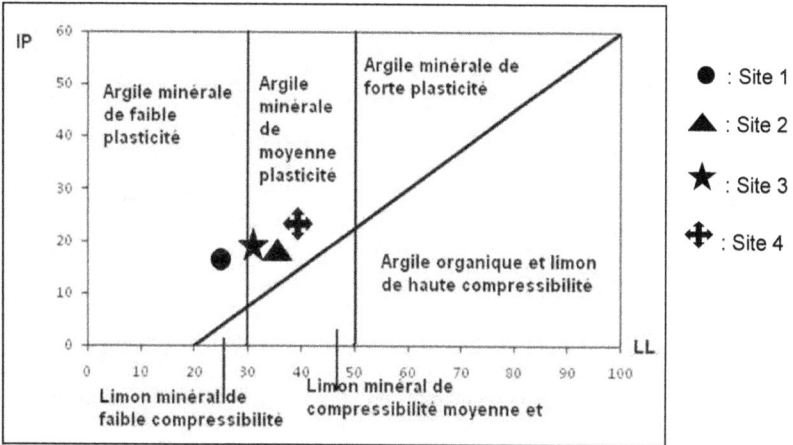

Figure IV.11 : Diagramme de Casagrande (1971)

IV.3. ESSAIS MÉCANIQUES

IV.3.1. Compressibilité à oedomètre

Sous l'effet d'une charge à la surface d'un sol, l'état d'équilibre de sa structure est modifié.

Le phénomène de tassement s'observe sous la charge considérée. Les résultats de cet essai se trouvent dans le tableau IV.4 ci-dessous.

Tableau IV.4 : Compressibilité à oedomètre

Sites	1	2	3	4
e_0	0,69	0,77	0,50	0,52
σ_0 (bars)	0,24	0,55	0,28	0,36
Compacité (%)	59	44	34	34
n (%)	41	56	66	66
C_c	0,15	0,13	0,085	0,60
Ke_0 (m/s)	4.10^{-7}	6.10^{-7}	5.10^{-7}	5.10^{-7}

L'analyse des résultats d'essai oedométrique repose sur l'exploitation des courbes de compressibilité. Ces courbes traduisent les variations de l'indice des vides du sol mesuré à la fin de chaque palier de chargement en fonction de la contrainte verticale effective. Ces courbes sont présentées sur les figures IV.12 à IV.15 ci-dessous.

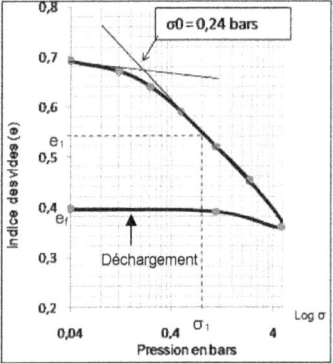

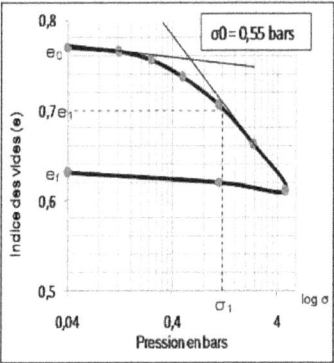

Figure IV.12 : Courbe de compressibilité (site1) Figure IV.13 : Courbe de compressibilité (site2)

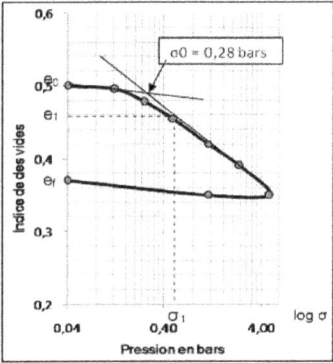

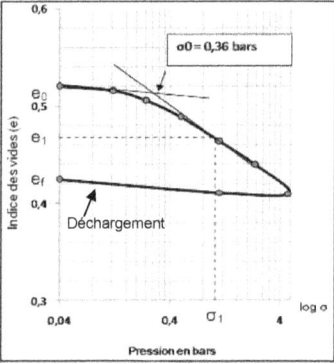

Figure IV.14 : Courbe de compressibilité (site3) Figure IV.15 : Courbe de compressibilité (site4)

On notera que les indices des vides et les contraintes ont été déterminés graphiquement conformement aux indications de la méthode de Casagrande.

L'analyse des résultats du tableau et de ces courbes peut être résumée comme suit :

– site 1 : pour un indice de vide (e_0) de 0,69, nous avons une perméabilité (Ke_0) de 4.10^{-7} m/s, la compacité (C) de 44 et l'indice de compressibilité (C_C) de 0,13 ;

- site 2 : pour un indice de vide (e_0) de 0,77, nous avons une perméabilité (Ke_0) de 6. 10^{-7} m/s, la compacité (C) de 59 et l'indice de compressibilité (C_c) de 0,15 ;
- site 3 : pour un indice de vide (e_0) de 0,50, nous avons une perméabilité (Ke_0) de 5. 10^{-7} m/s, la compacité (C) de 34 et l'indice de compressibilité (C_c) de 0,085 ;
- site 4 : pour un indice de vide (e_0) de 0,52 nous avons une perméabilité (Ke_0) de 5. 10^{-7} m/s, la compacité de 34 et l'indice de compressibilité (C_c) de 0,60;

L'interprétation des résultats d'essai montre que les tassements apparaissent qu'à partir d'un certain nombre de paliers de chargement dépassant le poids des terres en place (courbe de chargement) et les gonflements des matériaux sont représentés par les courbes de déchargement.

Les différentes valeurs des indices de vide et des perméabilités (e_0, Ke_0) mettent en évidence une faible perméabilité de tous les sites.

Les valeurs des compacités (C) montrent que le matériau du site 1 est assez compact et le site 2 a une compacité faible. Par contre les sites 3 et 4 ont des compacités très faibles.

Les compressibilités (C_c) sont moyennes pour le site 1, site 2 et le site 3. Par contre le site 4 est extrêmement compressible.

IV.3.2. Essais de compactage (Proctor)

Il est réalisé conformément à la norme (NF P94-093), les résultats de cet essai se trouvent dans le tableau IV.5 ci-dessous.

Tableau IV.5 : Proctor normal

Sites	1	2	3	4
Densité humide : γ_h (KN/m^3)	21,5	19,8	20,0	20,0
Densité sèche : $\gamma_{d\,OPN}$ (KN/m^3)	19,0	17,0	17,6	17,9
Teneur en eau : W_{OPN} (%)	13,3	16,5	15,8	15,5

Les résultats de l'essai Proctor effectué sur ces matériaux ont permis de construire les courbes indiquées sur les figures IV.16 à IV.19.

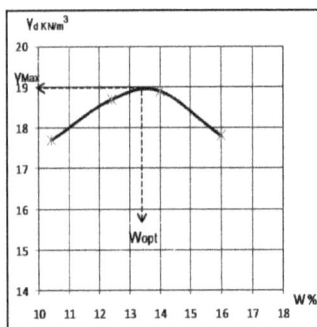

Figure IV.16 : Courbe Proctor (site 1)

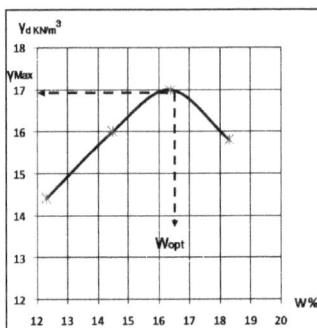

Figure IV.17 : Courbe Proctor (site 2)

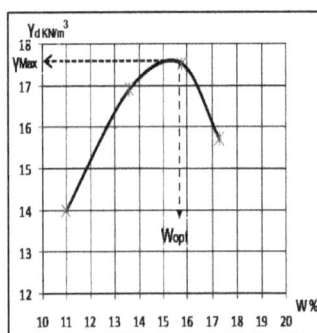

Figure IV.18 : Courbe Proctor (site 3)

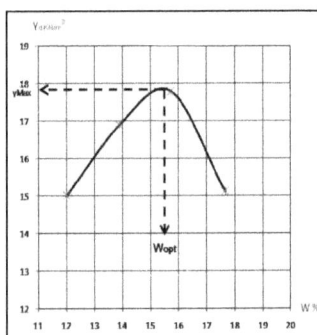

Figure IV.19 : Courbe Proctor (site 4)

Ces courbes montrent la variation de la densité sèche (γ_d) en fonction de la teneur en eau (W). On constate que la densité sèche croit lorsque la teneur en eau augmente. Lorsque la densité sèche atteint son optimum, elle chute même si la teneur en eau continue d'augmenter dans tous les cas.

L'analyse de ces courbes montre ce qui suit :

– site 1 : pour une teneur en eau optimale de 13,3%, nous avons une densité sèche optimum de 19 KN/m³ ;

– site 2 : pour une teneur en eau optimale de 16,5%, nous avons une densité sèche optimum de 17 KN/m³ ;

– site 3 : pour une teneur en eau optimale de 15,8%, nous avons une densité sèche optimum de 17,6 KN/m³ ;

- site 4 : pour une teneur en eau optimale de 15,5%, nous avons une densité sèche optimum de 17,9 KN/m³.

Ces phénomènes s'expliquent aisément ; lorsque la teneur en eau est élevée (partie droite de la courbe), l'eau absorbe une bonne partie de l'énergie de compactage. L'eau occupe la place des grains solides et il n'y aura pas de tassement possible (Dysli, 1997).

Par contre pour des teneurs en eau raisonnable, l'eau joue un rôle lubrifiant et la densité sèche augmente avec la teneur en eau (partie gauche de la courbe). Pour les différents sites, on note ce qui suit :

- le site 1 est très sensible à l'eau (une faible teneur en eau de 13,3% fait augmenter la densité sèche jusqu'à 19,0%) ;
- par contre les sites 2, 3 et 4 sont peu sensibles à l'eau.

L'optimum Proctor et la teneur en eau maximale sont des caractéristiques intrinsèques du sol. Ils permettent donc de classer et de donner une idée de son aptitude au compactage (Réunion d'ingénieurs, 1973).

IV.3.3. C.B.R

Il est réalisé selon les normes (NF P94-078). Les résultats de cet essai sont consignés dans le tableau (IV.6) ci-dessous

Tableau IV.6 : Indice Portant Californien

Sites	1	2	3	4
Teneur en eau avant immersion : W_{avt} (%)	12	16,3	14,7	15,3
Teneur en eau après immersion : W_{ap} (%)	17,7	18,8	17,1	18,5
Gonflement (mm)	0,144	0,832	1,298	1,076
Portance à 95% de l'OPN	18,00	16,15	16,70	17,00
Portance après immersion (CBR %)	16	15	16	13

Les résultats de cet essai permettent de tracer les courbes CBR indiquées sur les figures IV.20 à IV.23

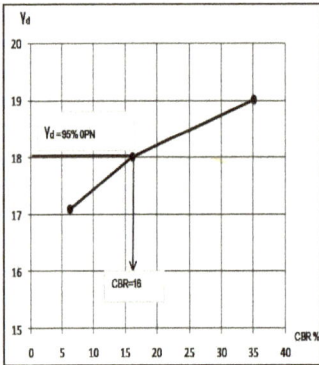

Figure IV.20 : Courbe CBR (site 1)

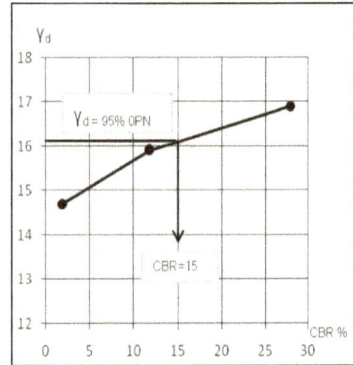

Figure IV.21 : Courbe CBR (site 2)

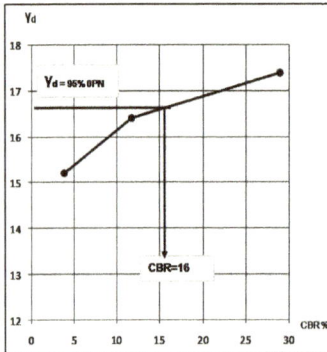

Figure IV.22 : Courbe CBR (site 3)

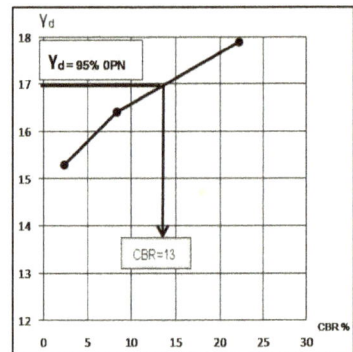

Figure IV.23 : Courbe CBR (site 4)

Ces courbes montrent la variation de la densité sèche en fonction de l'indice CBR. L'analyse de ces courbes et les résultats du tableau IV.7 ci-dessus permettent de dire que la résistance des sols argileux est un phénomène complexe, ce pendant pour comprendre ce phénomène, il suffit de se référer aux courbes Proctor dont les compactages des échantillons du coté secs de l'optimum sont plus résistants que les échantillons compactés du coté humides (BAROURI, 2008). Lors que la teneur en eau (W) dépasse la teneur en eau optimale (W_{opt}), une chute de résistance est constatée. D'après ces courbes on constate ce qui suit :

– site 1 : pour une densité de 18, nous avons une portance de 16 ;

- site 2 : pour une densité de 16,15, nous avons une portance de 15 ;
- site 3 : pour une densité de 16,7, nous avons une portance de 16 ;
- site 4 : pour une densité de 17, nous avons une portance de 13.

De ces résultats, on constate qu'il y a une légère variation de la densité sèche de tous les matériaux, par contre une variation considérable de l'indice portant de nos matériaux.

On conclut que la teneur en eau est un facteur majeur sur le comportement mécanique, notamment la portance du sol avec ou sans immersion.

IV.5. CARTOGRAPHIE

On présente dans ce paragraphe le résultat des travaux cartographiques. Pour la réalisation de ces cartes, plusieurs fonds des cartes et des données ont été utilisés.

IV.5.1. Cartes des points d'observation

Ce sont des cartes réalisées à l'échelle de 1/3000 (figure IV.24 et IV.25)

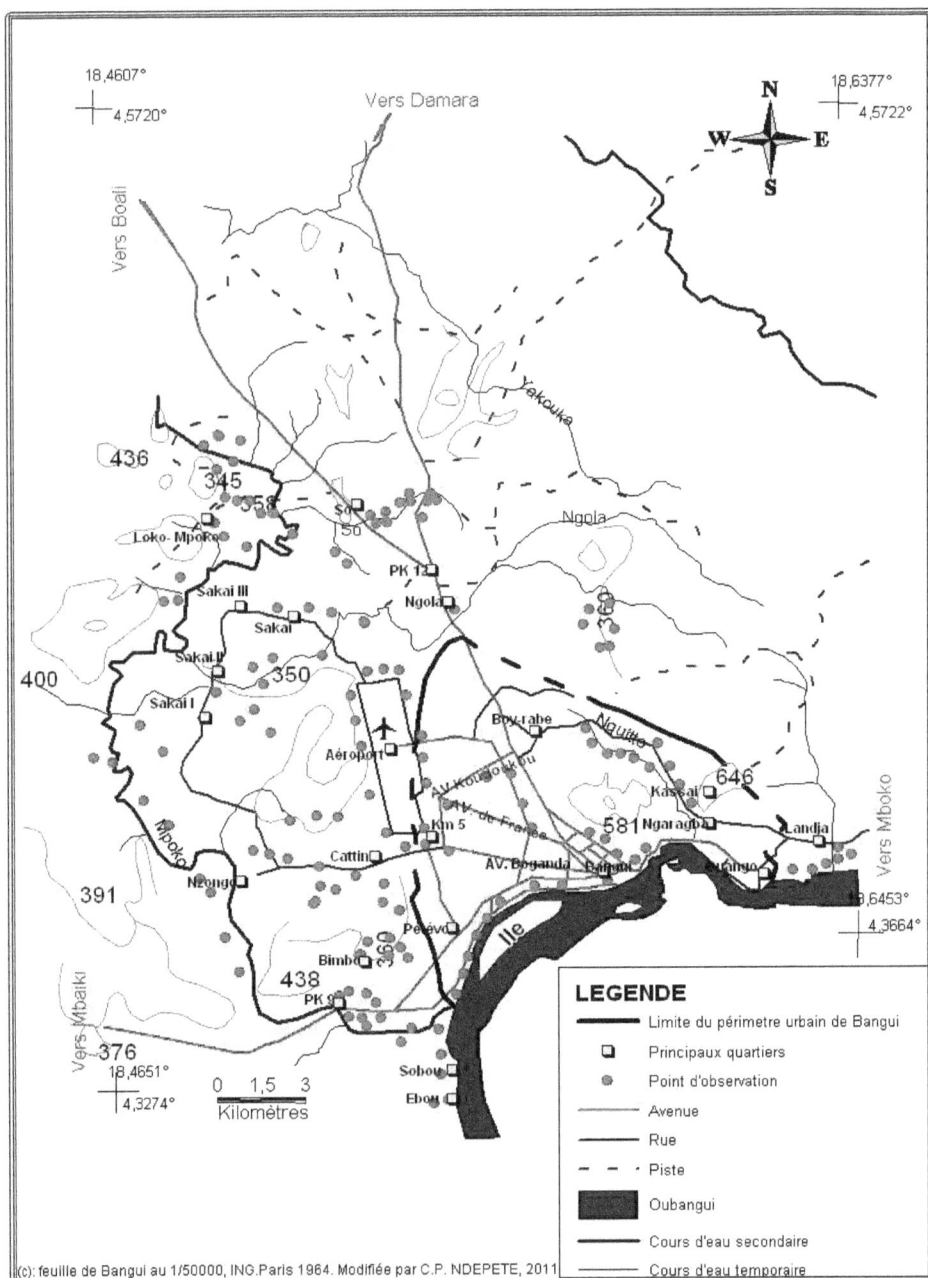

Figure IV.24 : Carte localisant des points d'observation des argiles

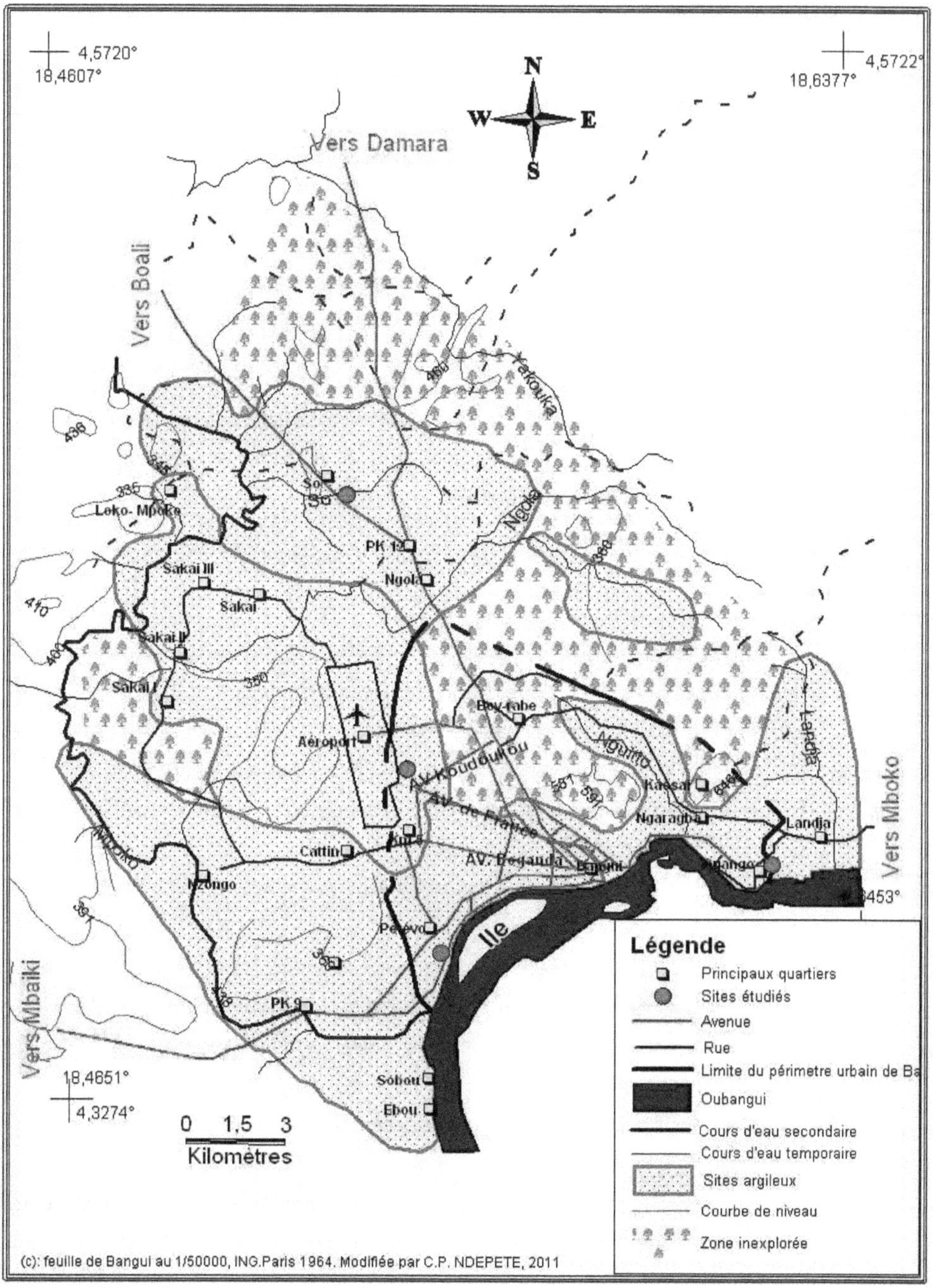

4,5720°
18,4607°
4,5722°
18,6377°
N
W
E
S
Vers Damara
Vers Boali
Vers Mboko
Vers Mbaiki
Yakouka
Ngola
Sakai III
Sakai
Sakai II
Sakai I
PK 12
Ngola
Aéroport
AV. Koudoukou
AV. de France
AV. Boganda
Boy-rabe
Kassai
Ngaragba
Landja
Cattin
Kina
Nzongo
Petevo
PK 9
Sobou
Ebou
Ile
Mpoko
Landja
Nguitto
18,4651°
4,3274°
0 1,5 3
Kilomètres
Légende
Principaux quartiers
Sites étudiés
Avenue
Rue
Limite du périmetre urbain de Ba
Oubangui
Cours d'eau secondaire
Cours d'eau temporaire
Sites argileux
Courbe de niveau
Zone inexplorée
(c): feuille de Bangui au 1/50000, ING.Paris 1964. Modifiée par C.P. NDEPETE, 2011

Figure IV.25 : Carte des zones supposées d'argile

CONCLUSION

L'étude présentée dans ce mémoire a pour finalité de faire un état de connaissances sur les différentes zones favorables aux matériaux argileux de Bangui et ses environs, de caractériser au laboratoire leurs comportements géotechniques afin de cartographier les zones supposées argileuses.

Le choix de ces matériaux à été motivé en raison de leur abondance et de la complexité de leurs caractéristiques géotechniques dont la connaissance est indispensable pour les constructeurs et d'autres utilisateurs.

Les travaux de terrain et des laboratoires effectués sur les matériaux prélevés dans la zone d'étude ont permis de ressortir quelques caractéristiques géotechniques (paramètres d'états, caractéristiques physiques et mécaniques) déjà vérifiées sur d'autres matériaux naturels comparables.

Malgré une certaine dispersion des résultats d'essais, cette étude a permis de conclure que :

- d'après les observations du terrain et la classification usuelle, les sols de ces différents sites prélevés peuvent être classés comme des silts argileux (site1 et site3) et des sables argileux (site2 et site4).
- Les sondages effectués révèlent que ces argiles ne sont pas homogènes sur toutes les profondeurs explorées. Elles indiquent des niveaux différents du point de vue couleur et composition.
- Ces argiles se trouvent dans les parties basses de la zone d'étude (340 à 360 m de hauteur) ;
- les caractéristiques d'identification, sont peu dispersées sur tous les sites (γ_d, γ_s et γ_h). par contre la teneur en eau (W) varie considérablement d'un site à un autre. Elles indiquent que ce sont des argiles sableuses denses de faible à moyenne plasticité ($14 \leq IP < 23$).
- Selon la classification G.T.R des sols fins, ces matériaux se situent dans la classe A, précisément la sous classe A_2 ;
- les caractéristiques de compressibilité à l'oedomètre sont globalement peu dispersées. Elles sont caractéristiques d'un sol peu (site3), moyennement (site1

et site2) à extrêmement (site4) compressible, une très faible compacité (site4), à une compacité assez faible (site3, 2 et 1).

– La perméabilité est faible pour tous les sites ($4.10^{-7} \leq Ke_0 < 7.10^{-7}$) ;

– les essais Proctor ont donné des valeurs plus ou moins semblables. Ces valeurs se situent entre 17 et 19 pour les densités sèches optimums, 13 et 16 pour les teneurs en eau optimales.

Ces résultats confirment que ces matériaux sont des sables avec limon argileux d'après les travaux de (Callaud, 2004) ;

– les résultats de l'essai CBR après immersion mettent en évidence le comportement peu gonflant de ces matériaux ($0,144 \leq G_f < 1,3$). Ce qui confirme que ces matériaux ne sont pas des argiles pures.

Ce travail présenté dans le cadre de ce mémoire n'est pas une fin en soi mais nous recommandons fortement pour la poursuite de cette étude de la recherche sur les points suivants :

– élargissement de notre étude dans d'autres laboratoires afin de compléter les essais que nous devons réaliser sur ces matériaux (VBS, diffractogrammes des rayons X, taux des carbonates et des matières organiques) ;

– utilisation des stabilisants (chaux, ciment) par exemple pour améliorer la qualité de ces matériaux ;

– de mener une étude gitologique afin de quantifier avec exactitude le volume de ces matériaux.

RESUME

Mots clés : argile ; cartographie ; géotechnique ; compressibilité ; compactage ; portance.

L'étude présentée dans ce mémoire s'inscrit dans le cadre d'un programme de recherche sur le comportement des matériaux argileux situés dans la ville de Bangui et ses environs, avec pour objectif de déterminer les caractéristiques géotechniques (physique et mécanique) et de faire un essai cartographique de ces matériaux. Elle expose un état de connaissance sur les caractéristiques des matériaux argileux.

Elle présente les résultats et l'interprétation des essais d'identification, de compressibilité, de compactage et de portance de quelques échantillons de sol prélevés sur les différents sites.

Cette étude montre que les résultats de ces essais sont peu dispersés pour tous les sites et révèle que les matériaux sont des silts argileux et des sables argileux moyennement plastiques, peu gonflant avec une faible perméabilité.

Les observations et les analyses faites sur le terrain montrent que ces argiles se trouvent dans les parties basses et le long des cours d'eaux de la zone d'étude (340 à 360 m de hauteur).

Keywords: clay, mapping, geotechnical, compressibility, compaction, lift.

The study presented in this paper is part of a research program on the behavior of clay materials located in the city of Bangui and its surroundings, with the aim to determine the geotechnical characteristics (physical and mechanical) and a trial mapping of these materials. It describes a state of knowledge on the characteristics of clay materials.

It presents the results and interpretation of identification tests, compressibility, compaction and bearing capacity of some soil samples taken from different sites.

This study shows that the results of these tests are somewhat scattered for all sites and reveals that the materials are clayey silt and clayey sands moderately plastic, no swelling with low permeability.

The observations and analysis made in the field indicate that these clays are found in the lower parts and along the rivers of the study area (340 to 360 m in height).

RÉFÉRENCES BIBLIOGRAPHIQUES

1) **AFNOR., 1995**. Norme XP P 94-041 : Sols : Reconnaissance et essais d'identification, granulométrique – Méthode de tamisage par voie humide, p 11.

2) **AFNOR., 1992** : Norme XP P 94-057 : Sols : Reconnaissance et essais – Analyse granulométrique des sols – Méthode par sédimentation, p 17.

3) **AFNOR., 1993**. Norme XP P 94-051 : Sols : Reconnaissance et essais – Détermination des limites d'Atterberg – Limite de liquidité à la coupelle – Limite de plasticité au rouleau, p15.

4) **AJCI : Agence Japonaise de Coopération International., 1999**. Étude sur le développement de l'eau souterraine de la ville de Bangui en République Centrafricaine. Rapport inédit.

5) **Azzouz Z.F., 2006**. Contribution à l'étude de la stabilisation chimique de quelques argiles gonflantes de la région de Tlemcen. Mémoire de Magister, Université Abou Bekr Belkaid

6) **Barouri R., 2008**. Stabilisation des sols argileux par chaux (cas du Kaolin du gisement Djebel Debagh – Guelma), p 97.

7) **Belhadj R., 2009**. Structure et origine des argiles, exposé, p 5.

8) **Boulevert Y., 1976**. Notice explicative N^0 64. Carte pédologique de la République Centrafricaine, feuille Bangui à 1/200000, p137.

9) **Callaud M, Tchouani Nana J.M., 2004**. Cours mécanique des sols – Tome 1, p 136

10) **Cailler S., Hénin S., Rautureau M., 1982**. Minéralogie des argiles : classification et nomenclature, cours, p 189.

11) **Doat P., Houben H., Matuk S., Vitoux F., 1979**. Construire en terre – CRA terre, cours, p 286.

12) **Doyemet A., 2006**. Le système aquifère de la région de Bangui (RCA) conséquence des caractéristiques géologiques du socle sur la dynamique, les modalités de recherche et la qualité des eaux souterraines. Thèse de doctorat, Université technologique de Lilles, p 153.

13) **Degoutte G et Royet P., 2009**. Aide mémoire de mécanique des sols. Publications de l'école Nationale du génie rural des eaux et des forets (ENGREF). Réédition,   p 96.

14) **Dysli M., 1997**. Mécanique des sols. Cycle post grade. Module B2-2, p79.

15) **Habib P., 1973**. Précis de Géotechnique, Dunod France, p 145

16) **Holtz R.D et Kovacs W.D 1991**. Introduction à la géotechnique. Edition de l'école polytechnique de Montréal, pp 10 – 20.

17) **Kpéou J., 2008**. Caractérisation de la tectonique cassante de la feuille de Bangui. Mémoire de master 2, Université de Bangui, p 47.

18) **Lakhdar M., 2006**. Méthodologie d'étude et technique d'identification des paramètres de comportement des sols fins soumis à des cycles de sècheresse prolongée. Application aux argiles expansives de M'Sila. Mémoire de Magister, Université Mohamed Boudiaf de M'Sila, p 96.

19) **Magnan J.P., Mieussens C., Soyez B., Vautrain J., 1985**. Essais oedométriques. Laboratoire Centrale des ponts et Chaussées, Méthodes d'essais LPC, n° 13.

20) **Magnan J.P., 1980**. Description, identification et classification des sols. Technique de l'ingénieur, traité Construction C 208 – 1.

21) **Michot A., 2008**. Caractéristiques thermo-physiques de matériaux à base d'argile : évolution avec des traitements thermiques jusqu'à 1400 °C. Thèse de doctorat, Université de Limoges, pp 1 – 11.

22) **Moloto G.R., 2002.** Évolution géotectonique paléo-protérozoïques à néo protérozoïque de la couverture du craton archéen du Congo aux confins du Congo, du Cameroun et de la Centrafrique. Thèse Doctorat. Université d'Orléans, 264 p.

23) **Nguimalet C.R., 2004**. Le cycle et la gestion de l'eau à Bangui (RCA) : Approche hydro géomorphologique du site d'une capitale Afrique. Thèse de doctorat, Université de Lumière Lyon 2, PP 1 – 30.

24) **Poidevin J.L., 1976**. Les formations du Précambrien supérieur de la région de Bangui (R.C.A.). Bulletin Géologique. France, 7, XVIII, 4, 999-1003.

25) **Rapport., 2003**. Des états généraux des Mines de Centrafrique, p 10.

26) **Réunion d'ingénieurs., 1973**. Mécanique des sols, Edition Eyrolles France, pp 52 - 53

27)**Righi D., Terribile F., Petit S., 1999**. Pedogenic formation of kaolinite-smictite mixed layers in a soil toposequence developed from basaltic parent material in Sardinia (Italy), vol.47, n°4, pp.505-514.

28)**Tchouani – Nana J.M., 1999**. Mécanique des sols, cours et exercices p 98.

29)**USG, 2011**. Union Syndicale Géotechnique. Revu Scientifique.

30)**Wolff J.P., 1962**. Argile de Bangui : Mission sous – convention 1962 stratégique Bangui.

ANNEXE

Provenance : CITE ASECNA   Profondeur : 2 à 3 m

Nature : Sol fin

Tableau 1 : Détailles des analyses granulométriques

Sites			1			2		
Poids de l'échantillon sec			1200 g			1021,96 g		
			Refus cumulé			Refus cumulé		
Module	Passoire en mm	Tamis en mm	g	%	P.C.	g	%	P.C.
48		50						
47		40						
46		31,5						
45		25						
44		20						
43		16						
42		12,5	0,00	0,00	100%	0,00	0,00	100%
41		10	1,45	0,12	99,8	1,50	0,14	99,86
40		8	2,51	0,20	99,8	3,91	0,38	99,62
38		5	8,71	0,72	99,2	20,47	2,00	98,00
34		2	19,65	1,63	98,3	66,29	6,48	93,52
31		1	27,50	2,29	97,7	83,81	8,20	91,80
28		0,500	50,42	4,20	95,8	96,06	9,39	90,60
24		0,200	177,75	14,81	85,1	119,44	11,68	88,32
20		0,08	271,68	22,64	77,36	305,85	29,92	70,08

- $\% = \dfrac{\text{Poids de refus cumulés}}{\text{Poids de l'échantillon}} \times 100$

- Pc (passant cumulé) $= 100 - \%$

Provenance : CITE ASECNA   Profondeur : 2 à 3 m

Nature : Sol fin   Étalonnage :   0,25

                                 + 0,95
                                   1,20

Tableau 2 : Détailles de l'analyse densitométrique

Date	Heure	Temps	°C	Lecture au densito	Correction	Lecture Corrigé	Diamètre des Grains	% des Grains
				R	m	R-m		77,3
04/07/2011	9h00	0	26		1,20		0,100	
		15''		10,5		9,3	0,080	77,3
		30''		10,0		8,8	0,060	73,1
		1 mn		9,5		8,3	0,044	68,9
		2 mn		9,0		7,8	0,034	64,8
		5 mn		8,0		6,8	0,020	56,5
		10 mn		7,5		6,3	0,0136	52,3
		20 mn		6,5		5,3	0,0098	44,0
		40 mn		5,5		4,3	0,0068	35,7
		80 mn		4,5		3,3	0,0048	27,4
		2 h		3,5		2,3	0,0040	19,1
		20 h					0,0013	
		24 h					0,0014	

Tableau 3 : Détailles de la limite d'Atterberg

	LIMITES DE LIQUIDITÉ				LIMITES DE PLASTICITÉ	
Nombre de coups	15	20	25	30		
N° de la tare	14	27	26	17	6	23
Poids total humide	22,08	29,36	26,22	22,94	23,61	23,26
Poids total sec	20,30	27,54	24,47	21,12	22,28	22,26
Poids de la tare	13,99	20,88	17,80	13,99	11,83	13,90
Poids net d'eau	1,78	1,82	1,75	1,82	1,33	1,00
Poids net matériau sec	6,31	6,66	6,67	7,13	10,45	8,36
Teneur en eau	28,2	27,3	26,2	25,5	12,7	11,9

Tableau 4 : Détailles de l'essai CBR

N° Moule	55 coups	25 coups	10 coups
Poids total	12850	12772	12861
Poids du moule...........	7951	8126	8445
Poids du matériau........	4899	4646	4416
Volume moule.............	2300		
Densité humide...........	21,3	20,2	19,2
Densité sèche.............	19,0	18,0	17,1

Teneur en eau de compactage

	55 coups	25 coups	10 coups
Poids T.H.................	435,77	435,77	435,77
Poids T.S...................	396,87	396,87	396,87
Poids de la tare...........	85,17	85,17	85,17
Poids d'eau................	38,9	38,9	38,9
Poids sol sec..............	311,7	311,7	311,7
W %..............................	12,47	12,47	12,47

Après immersion

	55 coups (14)	25 coups (17)	10 coups (0)
Poids T.H...................	532,20	460,60	475,14
Poids T.S..................	473,90	404,60	409,77
Poids de la tare...........	92,82	80,53	96,95
Poids d'eau................	58,30	55,77	65,37
Poids sol sec..............	381,08	324,30	312,82
W %..............................	15,2	17,2	20,9

Gonflement – Lecture aux comparateurs

Date : 7/07/11	(0,00) 55 coups	(0,00) 25 coups	(0,00) 10 coups
Vendredi 8/07/2011	0,06	0,16	0,18
Samedi 9/07/2011	0,09	0,18	0,20
Dimanche 10/07/2011	0,10	0,20	0,22
Lundi 11/07/2011	0,10	0,21	0,24
H en mm	0,10	0,21	0,24
Gonflement	0,078	0,165	0,180
Anneau utilisé	55 coups		25 coups		10 coups			

Enfoncement en mm	Déf. anneau	Charge en KN	Contr. en bars	Déf. anneau	Charge en KN	Contr. en bars	Déf. anneau	Charge en KN	Contr. en bars
0,625		1,2	6,2		0,6	3,1		0,2	1,0
1,25		2,5	12,9		1,1	5,6		0,3	1,5
2		3,4	17,6		1,5	7,7		0,6	3,1
2,5	31,1	4,2	21,7	13,2	1,8	9,3	5,1	0,7	3,6
3		4,8	24,8		2,1	10,8		0,8	4,1
3,5		5,3	27,4		2,5	12,9		0,9	4,6
4		5,9	30,5		2,9	15,0		1,0	5,1
4,5		6,8	35,2		3,0	15,5		1,1	5,6
5	35	7,2	37,3	16 1	3,3	17,0	6,3	1,3	6,7
6		8,1	41,9		3,6	18,6		1,5	7,7
7		9,5	49,2		4,5	23,3		1,7	8,8
8		10,2	52,8		4,9	25,3		2,0	10,3
9		11,3	58,5		5,1	26,4		2,2	11,3
10		12,5	64,7		5,5	28,4		2,4	12,4

Tableau 5 : Exemple détaillé de l'essai de compressibilité

Échantillon : 1	Éprouvette : $S = 38,5\ Cm^2$
Profondeur : 0,5 à 3 m	$h_0 = 2,4\ Cm$
Poids total sec (P_{ts}) : 143,23 g	$h_p = P_{ts} / \gamma_s \times S$
Poids spécifique des grains (γ_s) : 2,62 T/m³	$s = 31,95\ Cm^2$

Pression (Kg/Cm²)	Tassement : Δh (cm)	Hauteur éprouvette $h = h_0 - \Delta h$ (mm)	Indice des vides $e = (h/h_p) - 1$
0,04	0,01	2,39	0,69
0,125	0,08	2,32	0,63
0,250	0,13	2,27	0,60
0,500	0,21	2,19	0,55
1,125	0,30	2,10	0,49
2,373	0,37	2,03	0,44
4,875	0,44	1,96	0,38
1,125	0,43	1,97	0,39
0,04	0,42	1,98	0,40

$$\begin{cases} \sigma_0 = 0,24\ bar \\ e_0 = 0,69 \end{cases} \qquad \begin{cases} \sigma_1 = 0,5\ bar \\ e_1 = 0,54 \end{cases} \qquad \begin{cases} \sigma_2 = 2\ bar \\ e_2 = 0,45 \end{cases}$$

$$C_c = \frac{e1 - e2}{\log \sigma 2 - \log \sigma 1}$$

$$Ke_0 = 2,3 \log \frac{60}{10} \times \frac{s}{S} \times \frac{ho}{\Delta t}$$

$$n = \frac{e0}{1 + e0}$$

$$\text{Compacité} = 1 - n$$

Tableau 6 : Les données GPS des terrains

Localités	Latitudes (degré)	Longitudes (degré)	Altitude (m)
Ecobank PETEVO	4,3459167	18,543167	345
Villa Kolongo	4,3412778	18,544278	344
Pont Langbassi	4,3523056	18,55225	337
Gendarmerie	4,3356667	18,544722	345
Port pétrolier (rencontre Mpoko et Oubangui)	4,3253333	18,539444	344
ATIB	4,3201111	18,533167	339
Ngou Cataire	4,3221389	18,52825	348
Derrière MOCAF	4,3190278	18,517833	346
Lorent bois	4,3222778	18,505806	360
Église Élime Bimbo PK9	4,33075	18,513722	354
Cité ASECNA	4,3888889	18,528667	368
Cité ASECNA	4,3951944	18,529694	366
Base FOMAC	4,4054444	18,527111	378
Marché tournant	4,4122778	18,525333	379
Tête aéroport	4,4167222	18,522056	375
Fin aéroport Damala	4,4167778	18,522	374
Village Bala	4,4152222	18,506139	388
Village Bala	4,4112222	18,508111	378
Damala OCRB	4,4203056	18,526722	375
Damala ITM	4,4269722	18,5325	403
Pont So PK14	4,4651667	18,51475	376
So PK15	4,466	18,511194	379
Pont Ngola PK10	4,4364444	18,539611	392
ORSTOM	4,4364722	18,539472	391
Saint Paul derrière cimetière des prêtres	4,3733056	18,609222	345
Maison des jeunes Ouango 7ᵉ arrondissement	4,3753889	18,610139	352
Communauté Saint Joseph Ouango	4,3763611	18,608278	351
Gendarmerie de Landja	4,3682778	18,628167	355
Lando 7ᵉ arrondissement	4,3716389	18,624583	352
Gbangouma 5	4,3754722	18,618	354
Cours d'eau Yangoumbala Camp Kassaï	4,3793611	18,608167	353
Cours d'eau Nguitto	4,379	18,605278	350
Cours d'eau Patéré Sainte Anne	4,3848889	18,605222	361
École Camp Militaire	4,3851389	18,605222	362
A 400m de Sainte Anne vers Ndress	4,3896389	18,600083	365
Ndress	4,3996667	18,595278	399
Nguitto Ndress	4,4008889	18,593139	373
A côté de Karting	4,4071111	18,57775	384
Cours d'eau Ndabissi Boy rabe	4,4067778	18,578139	383
ONM	4,4004167	18,529556	379
Damala	4,4217778	18,52275	373
Damala cent logements	4,4274722	18,521	375
Damala Aéroport	4,4117222	18,512861	370
Bercail Nord	4,40475	18,514722	374
Bercail Groupement d'oiseau	4,3961111	18,512111	371
Bercail centre	4,3999444	18,511389	365
Bercail cimetière des musulmans	4,3942778	18,507861	366

Bercail limite des argiles avec la latérite	4,3948611	18,508556	370
Bercail poste police	4,3956667	18,517083	367
Limite Boeing Bercail	4,3884444	18,518972	365
Eglise du Christianisme Céleste Boeing	4,3840556	18,520111	365
Marché Boeing	4,3800833	18,521056	364
PK12	4,4505833	18,535167	409
AMA	4,4775167	18,503056	354
100 Logement	4,4679167	18,503944	352
Pont SICA	4,3767222	18,553417	352
Gbakondjia	4,3843056	18,550333	370
OCRB 7e	4,3770278	18,623361	369
Landja	4,374	18,636	375
Nguérengou Ouango	4,3720556	18,624472	349
Centre ville	4,3619167	18,583528	344
Centre BEOKO	4,3584444	18,583083	345
SODECA	4,3624444	18,589306	337
Pont Ngoubagara	4,3825833	18,382583	356
Landja	4,3637	18,637	360
Mboko I	4,3659	18,6728	355
Mboko II	4,3629	18,6994	362
Ngola	4,4352	18,5123	336
Sakai I	4,4073	18,4759	345
Sakai II	4,4177	18,4769	344

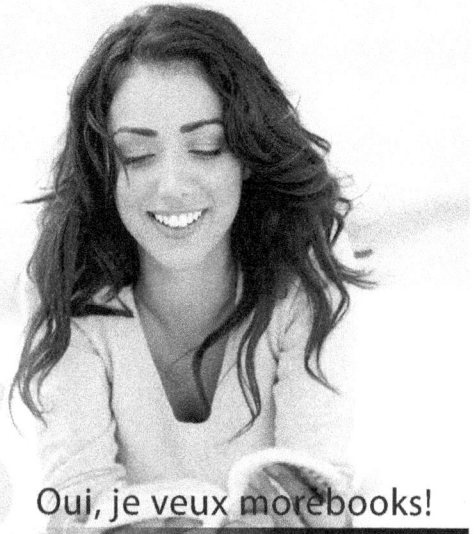

www.ingramcontent.com/pod-product-compliance
Lightning Source LLC
Chambersburg PA
CBHW020314220326
41598CB00017BA/1555